監修 岩本 将志
（河合塾 Wings 講師）

高校入試
7日間完成

塾で教わる
中学3年分
の総復習

数学

KADOKAWA

はじめに

高校入試数学の攻略にあたって

この本を手に取っている皆さんは、「数学ができるようになりたい」「苦手を克服したい」と思っていると思います。苦手を克服し、数学を今よりもできるようにするために必要なことはたくさんありますが、まずは「なるほど！」と思える部分を増やしていくのがよいでしょう。つまり、理解することが大切なのです。この部分が抜けたまま問題をたくさん解いていても単なる作業になってしまい、得点は上がりにくいことがあります。

さて、高校入試の数学では、必ずといっていいほど得点すべき基本問題が出題されます。その問題を得点源としていくことが、得点を安定させるためには必要です。それには、自分が「よくやるミス」「わかっていない単元（問題）」を把握することから始めるとよいでしょう。その上で、覚えるべきところはしっかりと覚えましょう。数学は暗記科目ではありませんが、計算のルールや公式、図形の定義、性質、条件などを覚えていないと得点力は向上しません。自分で思っている以上にこの部分が抜けている場合がありますので、再認識するためにもこの本をうまく活用してください。

最後は、問題演習をしっかりと積み重ねましょう。そうすることで、教わって「わかった」から自分自身で「できる（解ける）」状態になります。

この本の有効活用法

この本は中学数学の基本内容が7日間で総復習できるように構成されています。

まずは、「STEP 1を解く」→「答え合わせ」の順に進めていきましょう。そして、できている（理解している）内容と、そうでない内容をしっかりと把握してください。その上で、理解できていないところや覚えられていない内容の復習をしましょう。

次はSTEP 2に移ります。STEP 1の内容が定着しているかを確認できます。ここでも、「STEP 2を解く」→「答え合わせ」→「復習」の流れで学習を進めてください。必要に応じて、STEP 1→STEP 2を繰り返しましょう。

最後は、入試実戦です。入試実戦には公立高校入試の入試問題を収録しています。7日間の復習を踏まえて、実際の過去問で力試しをしましょう。

書きこみができる部分の紙面はPDFデータを無料でダウンロードすることができますので、繰り返し学習の際などに活用してください。

数学は、一朝一夕でできるようにはなりませんが、日々努力を続けることで必ずできるようになります。この本が皆さんの得点力向上の一助となることを願っております。

監修 岩本 将志

この 本 の 使 い 方

この本は7日間で中学校で習う内容の本当に重要なところを，ざっと総復習できるようになっています。試験場で見返して，すぐに役立つような重要事項もまとめています。

この本は，各DAYごとに，STEP 1〜2で構成されています。

STEP 1	**基本問題**	基本的な事項を押さえられているか確認しましょう。
STEP 2	**練習問題**	少し難易度が高い問題にチャレンジしましょう。
別冊	**解答・解説**	基本問題，練習問題の解答と解説が載っています。

STEP 1   STEP 2

解答・解説

CONTENTS

〔本書に掲載している入試問題について〕
※本書に掲載している入試問題の解説は，KADOKAWAが作成した本書独自のものです。
※本書に掲載している入試問題の解答は，基本的に，学校・教育委員会が発表した公式解答ではなく，本書独自のものです。

装丁／chichols　編集協力／エデュ・プラニング合同会社　校正／宮本和直，株式会社鷗来堂　組版／株式会社フォレスト
図版／株式会社フォレスト

特 典 の 使 い 方

ミニブックの活用方法

この本についている直前対策ミニブックには，数学の重要ポイントをまとめています。定理や公式，よく出る問題例を，穴埋め部分を解きながらおさらいしていきましょう。
ミニブックは，切り取り線に沿って，はさみなどで切り取りましょう。

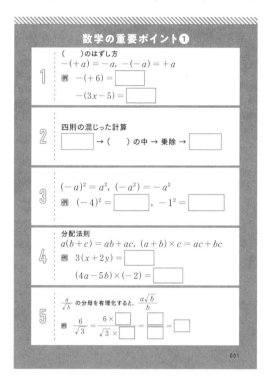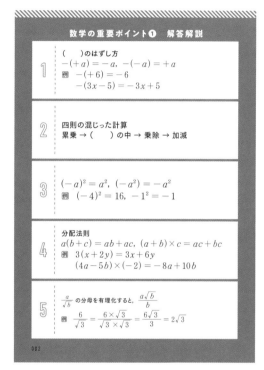

解きなおしPDFのダウンロード方法

この本をご購入いただいた方への特典として，この本のDAY 1~DAY 7において，書きこみができる部分の紙面のPDFデータを無料でダウンロードすることができます。記載されている注意事項をよくお読みになり，ダウンロードページへお進みください。下記のURLへアクセスいただくと，データを無料でダウンロードできます。「特典のダウンロードはこちら」という一文をクリックして，ユーザー名とパスワードをご入力のうえダウンロードし，ご利用ください。

https://www.kadokawa.co.jp/product/322303001387/
ユーザー名 :sofukusyusugaku
パスワード :sofukusyu-sugaku7

〔注意事項〕
● パソコンからのダウンロードを推奨します。携帯電話・スマートフォンからのダウンロードはできません。
● ダウンロードページへのアクセスがうまくいかない場合は，お使いのブラウザが最新であるかどうかご確認ください。また，ダウンロードする前に，パソコンに十分な空き容量があることをご確認ください。
● フォルダは圧縮されていますので，解凍したうえでご利用ください。
● なお，本サービスは予告なく終了する場合がございます。あらかじめご了承ください。

数と式①
～数と計算，式の計算，平方根～

STEP **1** **基本問題** ✓ 空欄にあてはまる数や式，記号を書きなさい。

≫ ①数と計算

(1)　正負の数の計算　次の計算をしなさい。

● $10 - (-5) = 10$❶_____ $=$❷_____
　　　　　符号に注意

● $7 \div \left(-\dfrac{7}{3}\right) = 7 \times ($❸_____$) =$❹_____
　　　　　逆数にしてかける

(2)　四則の混じった計算　次の計算をしなさい。

● $12 - 4 \times (-4) = 12 + $❶_____ $=$❷_____

● $(-3)^2 \times (2-4) =$❸_____ $\times ($❹_____$) =$❺_____

≫ ②式の計算

(1)　多項式の計算　次の計算をしなさい。

● $3(-2x+y) - 2(x-4y) =$❶_____ $+ 3y - 2x$❷_____

　　　　　　　　　　　　　$=$❸_____

(2)　単項式の乗法・除法　次の計算をしなさい。

● $4x^2y^3 \times \dfrac{1}{2}xy^2 = 4 \times \dfrac{1}{2} \times x^2y^3 \times xy^2 =$❶_____

　　　　　　　　　　　$\dfrac{5m^2n}{2}$と同じ

● $10m^4n \div \dfrac{5}{2}m^2n = 10m^4n \times \dfrac{2}{\text{❷}\_\_\_} =$❸_____

(3)　等式の変形　次の等式を，xについて解きなさい。

● $3x + 15y = -12$

　　xを含む項　　　　それ以外は
　　を左辺に　　　　　右辺に
　　　　$3x =$❶_____ -12

　　　　$x =$❷_____
　　　　両辺をxの係数でわる

正負の数の計算

減法（ひき算）
ひく数の符号を変えて加法に。
$$7 - (-5) = 7 + 5$$
乗法(かけ算)/除法(わり算)
・同符号の2数の積（商）
　→＋
・異符号の2数の積（商）
　→－

◎ 四則の混じった計算は，**累乗→かっこの中→乗除→加減**の順に計算する。計算には優先順位があり，焦らず着実に進めたい。

◎ **かっこをはずす際，符号ミスが起きやすい。**
累乗の$(-○)^2$と$(-○^2)$の符号のちがいにも注意。
$$(-2)^2 = (-2) \times (-2)$$
$$= +4$$
$$-2^2 = -(2 \times 2) = -4$$

◎ **分配法則**を利用してかっこをはずし，**同類項**をまとめる。このときも符号に注意！
$$-5(x-3y)$$
$$= -5x \oplus 15y$$
　　ここの符号に注意

分配法則
$$a(b+c) = ab + ac$$

◎ **単項式の除法**はわる数を逆数にし，乗法に直して計算。分数を逆数にする際，文字の扱いに注意。

>> ③平方根

(1) 平方根の大小

● $3\sqrt{3}$ と5の大小を比較しなさい。

$$3\sqrt{3} = \sqrt{\underline{\text{❶}\qquad}} \ , \ 5 = \sqrt{\underline{\text{❷}\qquad}}$$

$27 > 25$ だから, $3\sqrt{3} \ \underline{\text{❸}\qquad} \ 5$

● $\sqrt{17} < \sqrt{n} < 5$ にあてはまる自然数 n の値をすべて求めなさい。

$\underline{\text{❹}\qquad} < n < \underline{\text{❺}\qquad}$ より

この式にあてはまる n の値は, $\underline{\text{❻}\qquad\qquad\qquad}$

(2) 分母の有理化

● $\dfrac{15\sqrt{3}}{\sqrt{5}}$ の分母を有理化しなさい。

$$\frac{15\sqrt{3}}{\sqrt{5}} = \frac{15\sqrt{3} \times \boxed{\text{❶}}}{\sqrt{5} \times \boxed{\text{❷}}} = \frac{\text{❸}}{5} = \text{❹}$$

分母と分子に分母にある $\sqrt{\ }$ と同じ数をかける

(3) 根号を含む式の計算

次の計算をしなさい。

● $\sqrt{6} \times \sqrt{15} = \sqrt{\underline{\text{❶}\qquad}} = \underline{\text{❷}\qquad}$

● $\sqrt{27} - \sqrt{12} + \sqrt{3} = \underline{\text{❸}\qquad} - \underline{\text{❹}\qquad} + \sqrt{3} = \underline{\text{❺}\qquad}$

● $\dfrac{4\sqrt{2}}{\sqrt{5}} + \sqrt{40} = \underline{\text{❻}\qquad} + \underline{\text{❼}\qquad} = \underline{\text{❽}\qquad}$

● $3\sqrt{2} + \sqrt{3} - \sqrt{8} = 3\sqrt{2} + \sqrt{3} - \underline{\text{❾}\qquad} = \underline{\text{❿}\qquad}$

$\sqrt{\ }$ のついた数の変形

$\sqrt{\ }$ の中を素因数分解して平方数を見つけ, 外に出す。
$\sqrt{a^2 b} = a\sqrt{b}$ (a, b は正の数)

平方根の大小

$a > 0, b > 0, a < b$ のとき,
$\sqrt{a} < \sqrt{b}$,
$-\sqrt{a} > -\sqrt{b}$

○ 平方根の大小関係は, $\sqrt{\ }$ の中の数の大小を比較する。負の数どうしの比較では, 絶対値が大きい数の方が小さい。
例 : $-\sqrt{10}$ と -3 の大小関係
$-3 = -\sqrt{9}$ より,
$-\sqrt{10} < -3$

分母の有理化

分母と分子に分母にある $\sqrt{\ }$ と同じ数をかけて分母を整数（有理数）にする。

$$\frac{a}{\sqrt{b}} = \frac{a \times \sqrt{b}}{\sqrt{b} \times \sqrt{b}}$$
$$= \frac{a\sqrt{b}}{b}$$

$\sqrt{\ }$ がついた数の計算

加減→ $\sqrt{\ }$ の中が同じ項をまとめて計算
乗除→有理数は有理数どうし, $\sqrt{\ }$ の中は $\sqrt{\ }$ の中の数どうしを計算

○ $\sqrt{\ }$ の中をできるだけ簡単にしたり, 分母の有理化をしたりして計算を進める。

○ $\sqrt{\ }$ の中の数が異なるときは, それ以上たしたりひいたりできない。

1 次の計算をしなさい。

(**1**) $\dfrac{5}{7} + \left(-\dfrac{5}{21}\right)$

(**2**) $12 + (-10) - (-2)$

[   ]   [   ]

(**3**) $-\dfrac{5}{14} \times \left(-\dfrac{7}{10}\right)$

(**4**) $\dfrac{8}{21} \div \left(-\dfrac{8}{3}\right)$

[   ]   [   ]

(**5**) $4 + (-3) \times (-2)$

(**6**) $(-3)^3 \div \left(-\dfrac{3}{4}\right)^2$

[   ]   [   ]

(**7**) $6 - 4 \div (5 - 9)$

(**8**) $\{2 - (-1)^2\} \div \dfrac{3}{4}$

[   ]   [   ]

2 次の計算をしなさい。

(**1**) $(-m + 3n) - (8m + 3n)$

(**2**) $2(3x - 6y) - (y - 4x)$

[   ]   [   ]

(**3**) $\dfrac{1}{3}x^3 y \times \dfrac{3}{8xy}$

(**4**) $(-4x^2 y)^2 \div (-2x)^3$

[   ]   [   ]

(**5**) $-(ab)^2 \div 4a^2 c \times bc^2$

(**6**) $\dfrac{x - 4y}{2} - (4x - 2y)$

[   ]   [   ]

(**7**) $\dfrac{4}{5}x \times (-xy)^2 \div 4x^2 y$

(**8**) $(4x^2 - 2xy) \div 4x$

[   ]   [   ]

3 次の計算をしなさい。

(**1**) $4\sqrt{12} \times (-\sqrt{24})$

(**2**) $\sqrt{27} + \sqrt{18} - (-\sqrt{75})$

[   ]

[   ]

(**3**) $\sqrt{5} + \dfrac{15}{\sqrt{5}}$

(**4**) $\dfrac{3}{\sqrt{2}} + \sqrt{72} - \sqrt{32}$

[   ]

[   ]

(**5**) $\sqrt{18} \times \sqrt{2} - \sqrt{3} \div \dfrac{1}{\sqrt{3}}$

(**6**) $5\sqrt{3}(\sqrt{3} + \sqrt{2}) - \sqrt{54}$

[   ]

[   ]

DAY

1

2

3

4

5

6

7

4 次の問いに答えなさい。

(**1**) $a > 0,\ b < 0,\ a + b > 0$ のとき, $a,\ b,\ -a,\ -b$ を小さい順に並べなさい。

[   ]

(**2**) $b = \dfrac{3a + 4c}{2}$ を, a について解きなさい。

[   ]

(**3**) $a = -3,\ b = -2$ のとき, $-3a \times (a^2 b)^2 \div (-6a)^2$ の値を求めなさい。

[   ]

(**4**) $\sqrt{10} < a < \sqrt{35}$ にあてはまる自然数 a の値をすべて求めなさい。

[   ]

(**5**) $\sqrt{48a}$ が整数となるような, 最小の自然数 a の値を求めなさい。

[   ]

(**6**) $\dfrac{2}{\sqrt{3}},\ \sqrt{\dfrac{2}{3}},\ \dfrac{\sqrt{2}}{3}$ のうち, 最も大きい数を答えなさい。

[   ]

数と式②
～式の展開，因数分解，式の利用～

✔ 空欄にあてはまる数や式，記号を書きなさい。

>> ①式の展開

(1) 多項式×多項式

次の計算をしなさい。

● $(x+2)(2x-3) = 2x^2 - $ ❶＿＿＿ ＋ ❷＿＿＿ $-6 = $ ❸＿＿＿

(2) 乗法公式

次の計算をしなさい。

● $(a+2)(a+5) = a^2 + ($ ❶＿＿ ＋ ＿＿$)a + 2 \times 5 = $ ❷＿＿＿

● $(x+4)(x-4) = x^2 - $ ❸＿＿ $^2 = $ ❹＿＿

> **多項式どうしのかけ算**
>
> $(a+b)(c+d)$
> $= ac + ad + bc + bd$
>
> ○ 展開してから同類項をまとめる。
>
> **乗法公式**
>
> $(x+a)(x+b)$
> $= x^2 + (a+b)x + ab$
> $(x \pm a)^2 = x^2 \pm 2ax + a^2$
> $(x+a)(x-a) = x^2 - a^2$

>> ②因数分解

(1) 共通因数をくくり出す

次の式を因数分解しなさい。

● $3x + 6xy = $ ❶＿＿＿$($ ❷＿＿＿$)$

(2) 因数分解の公式

次の式を因数分解しなさい。

● $x^2 + 4x + 3 = x^2 + ($ ❶＿＿ ＋ ＿＿$)x + $ ❷＿＿ $\times$ ＿＿

$\qquad = $ ❸＿＿＿

● $x^2 - 6x + 9 = x^2 - $ ❹＿＿ $\times$ ＿＿ $x + $ ❺＿＿ $^2 = $ ❻＿＿

(3) 素因数分解

● 45 を素因数分解しなさい。

素数で わる ⟶ 3$)$ 45
❷＿＿$)$❶＿＿
❸＿＿
商が素数になるまでわり続ける

$45 = $ ❹＿＿＿

> **因数分解**
>
> ○ 各項を素因数分解して共通因数を求める。
> $3x = 3 \times x$
> $6xy = 2 \times 3 \times x \times y$
> よって共通因数は $3x$
>
> **乗法公式の逆**を使う。
> $x^2 + (a+b)x + ab$
> $= (x+a)(x+b)$
> $x^2 \pm 2ax + a^2 = (x \pm a)^2$
> $x^2 - a^2 = (x+a)(x-a)$
>
> ○ 因数分解してできた式を展開して検算をすると答えを確認できる。
>
> **素因数分解**
>
> 自然数を素数だけの積で表すことを**素因数分解**という。
> $18 = 2 \times 3^2$ ←同じ数の積は累乗で表す。
>
> **素数**
>
> 1とその数自身しか約数をもたない自然数のこと。1は素数ではない。

≫ ③式の利用

(1) 文字式の表し方

● じゃがいもを x 人に5個ずつ配ると3個余った。じゃがいもの数は，

(1人分の個数)×(人数)+(余り)= ❶＿＿＿＿＿（個）
└─×を省く

● 定価が1枚 x 円のハンカチを10枚買ったら，1枚につき20%引きの値段で購入できた。割引後のハンカチ1枚の値段は，$(1-$ ❷＿＿＿$)x=$ ❸＿＿＿（円）だから，代金の合計は，(割引後の1枚の値段)×(枚数)= ❹＿＿＿＿＿（円）

● 1袋250円のチーズを x 袋と1箱400円のバターを y 箱買ったときの代金が，3000円より安いとき，これらの数量の関係を不等式で表すと，

❺＿＿＿＿＿ ❻□ 3000
└┈┈┈ =，＜，＞，≦，≧の中から
あてはまるものを入れよう

(2) 式の値

● $x=13$ のとき，$x^2-8x+15$ の値を求めなさい。

$x^2-8x+15$ を因数分解すると，❶＿＿＿＿＿ になるから，ここに $x=13$ を代入すると，❷＿＿＿＿＿ = ❸＿＿＿＿

● $a=-\dfrac{1}{3}$ のとき，$(a+2)^2-(a-3)(a+4)$ の値を求めなさい。

$(a+2)^2-(a-3)(a+4)=($ ❹＿＿＿＿$)-($ ❺＿＿＿＿$)$
展開する

$=$ ❻＿＿＿＿＿

$=$ ❼＿＿＿ $\times\left(-\dfrac{1}{3}\right)+$

$=$ ❽＿＿＿
↑ $a=-\dfrac{1}{3}$ を代入

(3) 式による説明

● 3つの連続する整数の和は，3の倍数となることを証明しなさい。

> 連続する3つの整数は整数 n を用いて，n，❶＿＿＿，$n+2$ と表せる。こ
> れらの数の和は，$n+($ ❶＿＿＿$)+(n+2)=3n+3=$ ❷＿＿＿
> ❸＿＿＿ は整数だから，❷＿＿＿ は3の倍数である。
> したがって，3つの連続する整数の和は，3の倍数となる。

文字式の表し方

- ×の記号は省く
- 1つの項は，符号，数字，文字（アルファベット順）の順に書く

$a\leqq b:a$ は b 以下
$a\geqq b:a$ は b 以上
$a<b:a$ は b 未満
$a>b:a$ は b より大きい

割り増し・割り引き

$a\% \to \dfrac{a}{100}$

$a\%$増し $\to 1+\dfrac{a}{100}$

$a\%$引き $\to 1-\dfrac{a}{100}$

式の値

式を整理したり，因数分解したりしてから代入すると計算が簡単になることがある。

◎ **代入するとき，符号のミスがないように丁寧に計算しよう。**

式による説明

①文字で表す ②立式→式を変形 ③結論の順に進める。

◎ **結論を導けるように式を変形する。**

整数の表し方

- 連続する偶数
  $2n$，$2n+2\cdots$
- 連続する奇数
  $2n-1$，$2n+1\cdots$
  「連続する〜」を表すときは同じ文字を用いる。
- 十の位が a，一の位が b の自然数
  $10a+b$
- 5で割ると3余る数
  $5n+3$

1 次の計算をしなさい。

(**1**) $(x-4)(x+6)$

(**2**) $(x+2)(x-4)$

$[\qquad]$　$[\qquad]$

(**3**) $(x+3)^2$

(**4**) $(x-7)(x+7)$

$[\qquad]$　$[\qquad]$

(**5**) $(2a-3b)(2a+3b)$

(**6**) $(a-2)(a+2)-(a-5)^2$

$[\qquad]$　$[\qquad]$

2 次の式を因数分解しなさい。

(**1**) $ab-5b$

(**2**) $2ab+8ab^2+4a^2b$

$[\qquad]$　$[\qquad]$

(**3**) $x^2-2x-15$

(**4**) $x^2+8x+16$

$[\qquad]$　$[\qquad]$

(**5**) $x^2-16xy+28y^2$

(**6**) $a^2-11ab+18b^2$

$[\qquad]$　$[\qquad]$

(**7**) $4x^2-9y^2$

(**8**) $16a^2-81b^2$

$[\qquad]$　$[\qquad]$

3 次の数を素因数分解しなさい。

(**1**) 24　　　(**2**) 36　　　(**3**) 75　　　(**4**) 126

$[\qquad]$ $[\qquad]$ $[\qquad]$ $[\qquad]$

4 次の問いに答えなさい。

(**1**) ある学年の男子の人数は女子の人数の1.6倍である。女子の人数をx人としたときの学年全体の人数をxを用いて表しなさい。

[   ]

(**2**) 1個20円のあめをx個と1個30円のガムをy個買ったときの代金をxとyを用いて表しなさい。

[   ]

(**3**) A地点からB地点まで1000mあり，はじめの300mは分速xmで歩き，残りを分速ymで走る。A地点からスタートしてB地点につくのにかかる時間は何分か，xとyを用いて表しなさい。

[   ]

(**4**) $x = 19$，$y = 5$のとき，$x^2 - 6xy + 8y^2$の値を求めなさい。

[   ]

(**5**) $a + b = 3$，$a - b = -4$のとき，$a^2 - b^2$の値を求めなさい。

[   ]

(**6**) 2つの連続する奇数の和は必ず4の倍数となることを，次の書き出しに続けて証明しなさい。

> 2つの連続する奇数は整数nを用いて，❶_____，$2n + 1$と表せる。
> よって，2つの連続する奇数の和は，
>
> ❷
>
>
>
> したがって，2つの連続する奇数の和は，必ず4の倍数となる。

方程式
～1次方程式，連立方程式，2次方程式～

STEP 1 **基本問題** ✓ 空欄にあてはまる数や式，記号を書きなさい。

≫ ① 1次方程式

(1)　1次方程式の計算

● $4x + 2 = 2x + 6$ を解きなさい。

$4x\ $❶_____ $= 6\ $❷_____

❸_____ $=$ ❹_____

$x =$ ❺_____

(2)　小数，分数を含む1次方程式

● $0.5x - 0.3 = 0.2x + 0.6$ を解きなさい。

両辺を❶_____倍する

❷_____ $=$ ❸_____

❹_____ $x =$ ❺_____

$x =$ ❻_____

● $\dfrac{4}{3}x - \dfrac{3}{2} = \dfrac{1}{3} - \dfrac{1}{2}x$ を解きなさい。

両辺を❼_____（分母の最小公倍数）倍する

❽_____ $=$ ❾_____

❿_____ $x =$ ⓫_____

$x =$ ⓬_____

(3)　比例式

● $(x + 5) : 2 = 5 : 1$ を解きなさい。

$(x + 5) \times$ ❶_____ $= 2 \times$ ❷_____

$x =$ ❸_____

方程式の解き方

(i) 文字の項を左辺に，数字の項を右辺に移項する。
(ii) 同類項をまとめて，$ax = b$の形に式を整理する。
(iii) 両辺をxの係数でわって，$x = \sim$の形にする。

• 注意点
移項するときは符号を変える。

○ 小数を含む方程式は，両辺を10倍，100倍…し，係数を整数に直してから解く。

○ 分数を含む方程式は，両辺に分母の最小公倍数をかけ，係数を整数に直してから解く。

比例式の性質

2つの等しい比を等号で結んだ式を**比例式**という。

外項
$a : b = c : d$ のとき, $ad = bc$
内項

（**外項の積＝内項の積**）

>> ② 連立方程式

次の連立方程式を解きなさい。

(1) 加減法

$$\begin{cases} 2x + 3y = 4 & \cdots① \\ 3x + 2y = -4 & \cdots② \end{cases}$$

①×3 − ②×2

$$\begin{array}{rl} 6x + 9y = 12 & ←①×3 \\ -)\text{❶}\underline{\hspace{2cm}} = -8 & ←②×2 \\ \hline \text{❷}\underline{\hspace{1.5cm}} = 20 & \\ y = \text{❸} & \end{array}$$

$y = $ ❸ を①に代入して，

❹$\underline{\hspace{3cm}} = 4$, $x = $ ❺

答え $x = $ ❺ , $y = $ ❸

(2) 代入法

$$\begin{cases} x = 2y + 1 & \cdots① \\ 2x + 3y = 9 & \cdots② \end{cases}$$

②に①を代入すると，

$2(2y + 1) + 3y = 9$

❶$\underline{\hspace{3cm}}$ $y = $ ❷

$y = $ ❸

$y = $ ❸ を①に代入して，

$x = $ ❹

答え $x = $ ❹ , $y = $ ❸

連立方程式の解き方

文字を1つ消去して1次方程式にする。文字の消去法には，『**加減法**』と『**代入法**』がある。

・**加減法**：2つの式をたしたりひいたりして，文字を1つ消去する。

・**代入法**：一方の式をもう一方の式に代入し，文字を1つ消去する。

◎ $2x + y = 7$ のような場合も，移項して $y = -2x + 7$ という形にすると，代入法が使える。

>> ③ 2次方程式

(1) 平方根の考え方の利用

● $(x - 3)^2 = 5$ を解きなさい。

$x - 3 = \pm$ ❶$\underline{\hspace{2cm}}$
　　　　　　±の符号を忘れない

$x = $ ❷

(2) 因数分解の利用

● $x^2 - 4x + 3 = 0$ を解きなさい。

左辺を因数分解すると

❶$\underline{\hspace{3cm}} = 0$

$x = $ ❷ , ❸

(3) 解の公式の利用

● $x^2 - 7x + 2 = 0$ を解きなさい。

解の公式を利用すると

$$x = \frac{-(\text{❶}) \pm \sqrt{(-7)^2 - 4 \times 1 \times \text{❷}}}{2 \times 1}$$

$$= \frac{\text{❸} \pm \sqrt{\text{❹}}}{2}$$

2次方程式

$(x - m)^2 = n$ の解は，

$x = m \pm \sqrt{n}$

$(x - a)(x - b) = 0$ の解は，$x = a, b$

解の公式①

$ax^2 + bx + c = 0$
$(a \neq 0)$ の解

$x = \dfrac{-b \pm \sqrt{b^2 - 4ac}}{2a}$

解の公式②

b が偶数のとき $(b = 2b')$
$ax^2 + 2b'x + c = 0$
$(a \neq 0)$ の解

$x = \dfrac{-b' \pm \sqrt{b'^2 - 4ac}}{a}$

◎ 中学の範囲では解の公式の $b^2 - 4ac$ の部分が負になることはない。負になるようならミスがないか見直す。

1 次の方程式を解きなさい。

(**1**) $2x + 7 = 3x - 2$

(**2**) $2(2x + 4) = 7 - 6x$

[   ]

[   ]

(**3**) $0.3x + 1.2 = 0.1x + 2.1$

(**4**) $\frac{1}{3}(4x + 3) = \frac{1}{2}(3x - 5)$

[   ]

[   ]

2 次の比例式で，x の値を求めなさい。

(**1**) $3 : x = 7 : (x + 3)$

(**2**) $1 : (x - 2) = (x + 2) : 5$

[   ]

[   ]

3 次の連立方程式を解きなさい。

(**1**) $\begin{cases} 5x + 2y = 6 \\ 10x - 2y = 9 \end{cases}$

(**2**) $\begin{cases} 6x - 12y = 6 \\ 2x + 3y = -5 \end{cases}$

[   ]

[   ]

(**3**) $\begin{cases} y = 3x - 2 \\ x + 2y = 10 \end{cases}$

(**4**) $\begin{cases} 0.4x + 2.2y = 0.7 \\ 1.2x + 2y = -2.5 \end{cases}$

[   ]

[   ]

4 連立方程式 $\begin{cases} ax + by = 15 \\ bx - ay = 10 \end{cases}$ の解が，$x = 8$，$y = -1$ であるとき，a，b の値をそれぞれ求めなさい。

[   ]

5 次の2次方程式を解きなさい。

(1) $(x-4)^2 = 7$

(2) $x^2 + 8x - 9 = 0$

[   ]   [   ]

(3) $x^2 + 6x - 2 = 0$

(4) $(a+2)^2 + 3(a+2) - 4 = 0$

[   ]   [   ]

6 次の問いに答えなさい。

(1) 1次方程式 $2x - a = -x + 7$ の解が $x = 2$ のとき，a の値を求めなさい。

[   ]

(2) ある2つの自然数の差が3で，積が54のときの2つの自然数を求めなさい。

[   ]

(3) 50円切手と140円切手を合わせて10枚買ったところ，代金の合計は1040円であった。50円切手と140円切手をそれぞれ何枚買ったか求めなさい。

50円切手 [   ]   140円切手 [   ]

(4) AとBの2種類の食塩水がある。Aから200g，Bから300g取り出して混ぜると濃度が6%の食塩水になり，Aから300g，Bから200g取り出して混ぜると濃度が7%の食塩水になる。AとBはそれぞれ濃度何%の食塩水か求めなさい。

A [   ]   B [   ]

(5) 連続する3つの自然数がある。最も小さい数と最も大きい数の積は3つの数の和の2倍よりも1小さい。このときの3つの自然数をそれぞれ求めなさい。

[   ]

関数
～比例と反比例，1次関数，関数 $y = ax^2$ ～

基本問題 ✔ 空欄にあてはまる数や式，記号を書きなさい。

>> ① 比例と反比例（式の求め方）

(1) 比例の式

● y は x に比例し，$x = 4$ のとき，$y = 8$ である。このとき，y を x の式で表しなさい。

　比例の式 $y = ax$ に x と y の値を代入すると，

　❶＿＿＿＿ $= a \times$ ❷＿＿＿＿ ，$a =$ ❸＿＿＿＿

　よって，$y =$ ❹＿＿＿＿

(2) 反比例の式

● y は x に反比例し，$x = 3$ のとき，$y = -5$ である。y を x の式で表しなさい。

　反比例の式 $y = \dfrac{a}{x}$ に x と y の値を代入すると，

　❶＿＿＿＿ $= \dfrac{a}{❷＿＿＿}$ ，$a =$ ❸＿＿＿＿

　よって，$y =$ ❹＿＿＿＿

> **比例・反比例の式**
>
> 比例の式は，$y = ax$
> 反比例の式は，$y = \dfrac{a}{x}$
> $(x \neq 0)$
> このときの a を**比例定数**という。
>
> ◉ $y = \dfrac{x}{a}$ は，反比例ではなく，比例定数が $\dfrac{1}{a}$ の比例の式だから間違えないように。

>> ② 1次関数

(1) 式の決定

● 直線 $y = 3x - 5$ に平行で，$(1,\ 2)$ を通る直線を求めなさい。

　直線 $y = 3x - 5$ に平行なので，$y =$ ❶＿＿＿＿ $x + b$ とおける。

　これに，$(1,\ 2)$ を代入すると，❷＿＿＿ $=$ ❶＿＿＿ $\times$ ❸＿＿＿ $+ b$

　よって，$b =$ ❹＿＿＿ だから，$y =$ ❶＿＿＿ x ❹＿＿＿

(2) 変化の割合

● 1次関数 $y = 2x + 5$ について，x の増加量が3のときの y の増加量を求めなさい。

　変化の割合 $= \dfrac{y \text{の増加量}}{x \text{の増加量}}$ より，y の増加量 $=$ 変化の割合 $\times x$ の増加量

　よって，y の増加量は ❶＿＿＿ $\times 3 =$ ❷＿＿＿

> **1次関数**
>
> 1次関数の式は，
> $y = ax + b$
> このときの a を**傾き**，b を**切片**という。
>
> **変化の割合**
>
> 変化の割合 $= \dfrac{y \text{の増加量}}{x \text{の増加量}}$
> 1次関数の変化の割合は一定で，傾き a と同じ値になる。
>
> **2直線のグラフの交点**
>
> 2直線のグラフの交点は，連立方程式を解くことで求めることができる。
>
> **平行な2直線**
>
> 2直線が平行なときは，傾きが等しい。

(3)　1次関数のグラフ

● 右のグラフの直線の式を求めなさい。

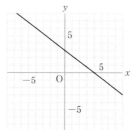

切片は❶＿＿＿＿＿で，そこから

x軸との交点 $(4, 0)$ まで右へ❷＿＿＿＿＿，

下へ❸＿＿＿＿＿進むので，傾きは❹＿＿＿＿＿である。

よって，$y =$ ❺＿＿＿＿＿

○ 傾きaが $a > 0$ のとき
は 右 上 が り の グ ラ フ，
$a < 0$ のときは右下がり
のグラフと覚えよう。

○ 右にいくつ（xの増加
量），上（または下）にいく
つ（yの増加量）進むかを
読み取ろう。

$\dfrac{y の増加量}{x の増加量}$ で傾きが求め
られる。

≫ ③関数 $y = ax^2$

(1)　$y = ax^2$ の式

● yはxの2乗に比例し，$x = 3$のとき，$y = 18$である。yをxの式で表しなさい。

関数 $y = ax^2$ にxとyの値を代入すると，

❶＿＿＿＿＿ $= a ×$ ❷＿＿＿＿＿，$a =$ ❸＿＿＿＿＿

よって，式は $y =$ ❹＿＿＿＿＿

(2)　変域

● 関数 $y = x^2$ のグラフは右の図のようになる。

xの変域が $-3 \leqq x \leqq 2$ のときのyの変域を求めなさい。

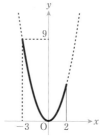

$x =$ ❶＿＿＿＿＿のとき，yは最小値❷＿＿＿＿＿

$x =$ ❸＿＿＿＿＿のとき，yは最大値❹＿＿＿＿＿

したがって，yの変域は

❷＿＿＿＿＿ $\leqq y \leqq$ ❹＿＿＿＿＿

‥‥‥‥‥ 最小値が $x = 2$ のときでないことに注意する

(3)　変化の割合

● 関数 $y = 2x^2$ で，xの値が2から4まで増加するときの変化の割合を求めなさい。

変化の割合 $= \dfrac{2 × ❶\rule{1cm}{0.4pt}{}^2 - 2 × ❷\rule{1cm}{0.4pt}{}^2}{❶\rule{1cm}{0.4pt} - ❷\rule{1cm}{0.4pt}} = \dfrac{❸\rule{1cm}{0.4pt}}{❹\rule{1cm}{0.4pt}} = $ ❺＿＿＿＿＿

別解　$a(p+q)$ を用いて求める。

変化の割合 $=$ ❻＿＿＿＿＿ $× ($ ❼＿＿＿＿＿ $+ \rule{1cm}{0.4pt}) = $ ❽＿＿＿＿＿

2乗に比例する関数

2乗に比例する関数の式は，
$y = ax^2 (a \neq 0)$ とおけ
る。

$y = ax^2$ **のグラフ**

$a > 0$ の と き 上 に 開 き，
$a < 0$ のとき下に開く。

○ $y = ax^2$ のyの変域はx
の変域が0を含むかどうか
に注目して考える。

・$a > 0$ で，xの変域が0を
　含むとき，yの最小値は0
　になる。

・$a < 0$ で，xの変域が0を
　含むとき，yの最大値は0
　になる。

○ $y = ax^2$ の変化の割合
は，1次関数と異なり，一定
ではない。

○ $y = ax^2$ でxがpからq
まで増加するときの変化の
割合は，$a(p+q)$でも求め
られる。

DAY **4**

1 右の図で，(1)は比例のグラフ，(2)は反比例のグラフである。それぞれについて，yをxの式で表しなさい。

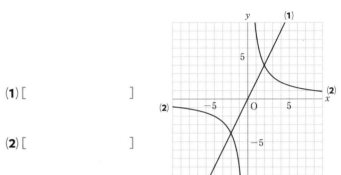

(1) [   ]

(2) [   ]

2 右の図のように，比例 $y = \dfrac{3}{2}x\,(x \geqq 0)$ …①のグラフと，反比例 $y = \dfrac{a}{x}\,(x > 0)$ …②のグラフが，点Aで交わっている。また，点Bは $y = \dfrac{a}{x}$ のグラフ上の点で，x座標は12である。あとの問いに答えなさい。

(1) Aの座標を求めなさい。

[   ]

(2) aの値を求めなさい。

[   ]

(3) Bの座標を求めなさい。

[   ]

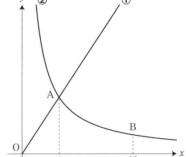

3 次のア〜オについて，yがxに比例するものにはA，反比例するものにはB，どちらでもないものにはCと答えなさい。

ア 浴そうに毎分4Lずつ水を入れると，x分間でyLたまる。　　　　　　[   ]

イ 100g 200円の豚肉をxg購入したときの代金はy円である。　　　　　[   ]

ウ 1辺の長さが$x$cmの立方体の体積は$y$cm³である。　　　　　　　　[   ]

エ 800mの道のりを分速xmで走るときにかかる時間はy分である。　　[   ]

オ あるクラスのテストの平均点がx点のとき，最高点はy点である。　　[   ]

4 次の問いに答えなさい。

(1) 直線 $y = 4x + 2$ に平行で，$(3, 5)$ を通る直線を求めなさい。

[   ]

(2) 2点 $(2, 5)$，$(3, 4)$ を通る直線を求めなさい。

[   ]

(3) 2直線 $y = x + 3$ と $y = -3x + 2$ の交点の座標を求めなさい。

[   ]

5 次の問いに答えなさい。

(1) y は x の2乗に比例し，$x = 4$ のとき $y = -32$ である。$x = -2$ のときの y の値を求めなさい。

[   ]

(2) 関数 $y = ax^2$ で，x の値が -2 から4まで増加するときの変化の割合が8であるときの a の値を求めなさい。

[   ]

(3) 関数 $y = x^2$ で，x の変域が $-2 \leq x \leq a$ のときの y の変域は $b \leq y \leq 16$ となる。このとき，a，b の値を求めなさい。

[   ]

6 右の図のように，関数 $y = ax^2 (a > 0)$ 上に点Pと点Qがあり，この2点を通る直線 ℓ と y 軸との交点を点Rとする。$P(2, 8)$ であり，$\triangle OPR$ と $\triangle OQR$ の面積比は $2:1$ である。あとの問いに答えなさい。

(1) a の値を求めなさい。

[   ]

(2) 点Qの座標を求めなさい。

[   ]

(3) $\triangle OPQ$ の面積を求めなさい。

[   ]

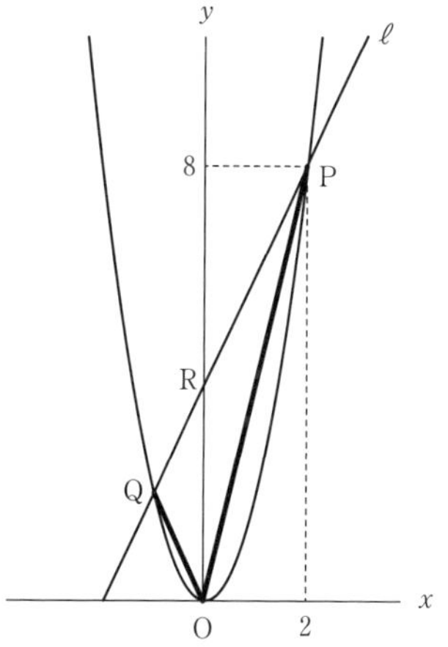

DAY 5

図形①
～平面図形，空間図形，角の大きさ～

STEP 1 基本問題

✓ 空欄にあてはまる数や式，記号，言葉を書きなさい。

①平面図形

(1) 円とおうぎ形

● 右の図のおうぎ形について

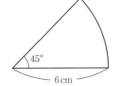

弧の長さは，

$2\pi \times$ ❶＿＿＿ $\times \dfrac{❷}{360} =$ ❸＿＿＿ (cm)

面積は，

$\pi \times$ ❹＿＿＿ $^2 \times \dfrac{❷}{360} =$ ❺＿＿＿ (cm^2)

②空間図形

(1) 立体の表面積と体積

● 右の図の円柱について，

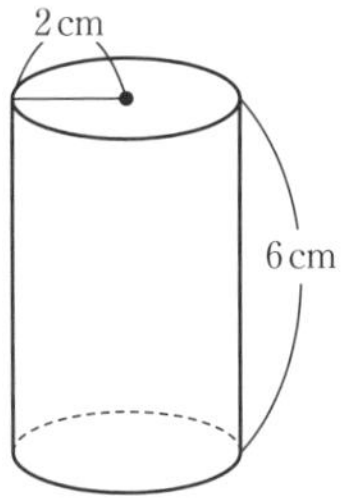

体積は，$\pi \times$ ❶＿＿＿ $^2 \times 6 =$ ❷＿＿＿ (cm^3)

底面積は，$\pi \times$ ❶＿＿＿ $^2 =$ ❸＿＿＿ (cm^2)

側面積は，$6 \times (2\pi \times$ ❹＿＿＿$) =$ ❺＿＿＿ (cm^2)

よって，

表面積は❸＿＿＿ $\times 2 +$ ❺＿＿＿ $=$ ❻＿＿＿ (cm^2)

(2) 直線，平面の位置関係

● 右の図の三角柱で，辺ACとねじれの位置にある

辺は，辺❶＿＿＿，辺❷＿＿＿，

辺❸＿＿＿である。

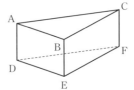

円とおうぎ形

円の半径をr，円周の長さをℓ，面積をSとすると，

$\ell = 2\pi r \qquad S = \pi r^2$

半径をr，おうぎ形の中心角を$a°$，弧の長さをℓ，面積をSとすると，

$\ell = 2\pi r \times \dfrac{a}{360}$

$S = \pi r^2 \times \dfrac{a}{360}$

◎ おうぎ形の面積は，

$S = \dfrac{1}{2}\ell r$ でも求められる。

立体の表面積と体積

・角柱や円柱の体積
＝(底面積)×(高さ)

・角錐（かくすい）や円錐の体積
$= \dfrac{1}{3} \times$(底面積)×(高さ)

・球の表面積 $= 4\pi r^2$

・球の体積 $= \dfrac{4}{3}\pi r^3$

◎ 円錐の展開図において，底面の周の長さと，側面の弧の長さ（赤線の長さ）は等しい。

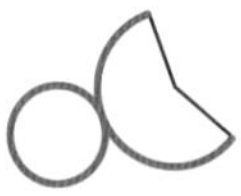

◎ 底面の半径r
母線ℓの円錐

側面のおうぎ形の中心角

$\dfrac{r}{\ell} \times 360°$

側面積 $\pi \ell r$

ねじれの位置

2つの直線が平行でなく，交わらないとき，この位置関係を**ねじれの位置**にあるという。

>> ③角の大きさ

(1) 平行線と角

● 右の図で，$\ell /\!/ m$ のとき，$\angle x$ と $\angle y$ の大きさを
求めなさい。

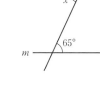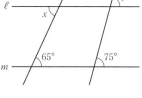

$\ell /\!/ m$ より，**❶**＿＿＿＿＿ が等しいから，

$\angle x = $ **❷**＿＿＿＿＿ °

$\ell /\!/ m$ より，**❸**＿＿＿＿＿ が等しいから，

$\angle y = $ **❹**＿＿＿＿＿ °

(2) 多角形と角

● 五角形について，

五角形は1つの頂点から対角線を引くと，

その頂点と，両隣の頂点を除いた $5-3$ 本引けるので，

$5-2$ 個の三角形に分けられる。

したがって，五角形の内角の和は，

$180° \times (5-2) = $ **❶**＿＿＿＿＿ °

また，五角形の外角の和は，**❷**＿＿＿＿＿ °

(3) 円周角の定理

● 右の図で，$\angle x$ と $\angle y$ の大きさを求める。

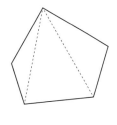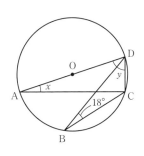

弧CDに対する**❶**＿＿＿＿＿ は等しいから，

$\angle x = $ **❷**＿＿＿＿＿ °

半円の弧に対する円周角は

❸＿＿＿＿＿ °だから，

$\angle ACD = $ **❸**＿＿＿＿＿ °

したがって，

$\angle y = 180° - $ **❷**＿＿＿＿＿ ° $-$ **❸**＿＿＿＿＿ °

 $= $ **❹**＿＿＿＿＿ °

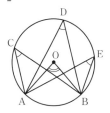

1 次の図のように，中心をOとする円上にある点Aを通る円の接線を作図しなさい。

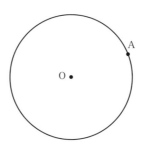

2 次の問いに答えなさい。

（1） 半径が5cm，弧の長さが4πcmのおうぎ形の中心角を求めなさい。

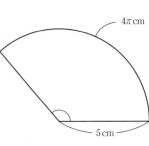

[　　　　　　　　]

（2） 面積が27πcm^2，中心角が$120°$のおうぎ形の半径を求めなさい。

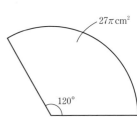

[　　　　　　　　]

3 次の問いに答えなさい。

（1） 底面の半径が3cm，母線が12cmの円錐の表面積を求めなさい。

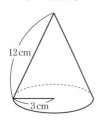

[　　　　　　　]

（2） 半径が3cmの球の体積を求めなさい。

[　　　　　　　]

4 右の図のような，直方体 ABCD-EFGH について，次の問いに答えなさい。

(1) 辺 AB に平行な辺をすべて求めなさい。

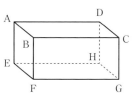

[　　　　　　　]

(2) 辺 CG とねじれの位置にある辺をすべて求めなさい。

[　　　　　　　]

5 次の図で，∠x の大きさを求めなさい。

(1) ℓ // m

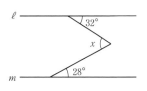

[　　　　]

(2)

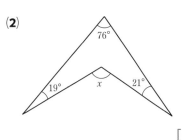

[　　　　]

(3) 同じ印をつけた角は等しい。

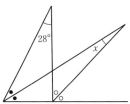

[　　　　]

(4) 四角形 ABCD は平行四辺形

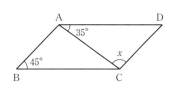

[　　　　]

(5)

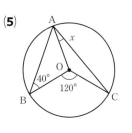

[　　　　]

(6)

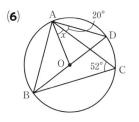

[　　　　]

6 次の問いに答えなさい。

(1) 正七角形の外角の和を答えなさい。

[　　　　]

(2) 正 n 角形の 1 つの内角が 135° のときの n の値を求めなさい。

[　　　　]

DAY 6 図形②
～合同の証明，相似，三平方の定理～

STEP 1 基本問題

✓ 空欄にあてはまる数や式，記号，言葉を書きなさい。

>> ①合同の証明

(1) 三角形の合同

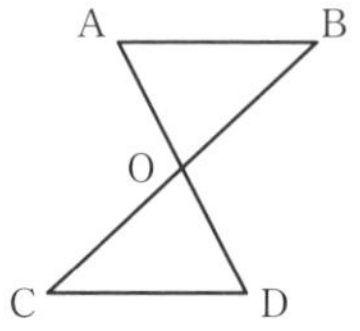

● 右の図で，AB∥CD，Oは線分ADの中点である。

△AOB ≡ △DOCであることを証明しなさい。

（証明） △AOBと△DOCにおいて，

AB∥CDより平行線の錯角は等しいので∠BAO ＝ ∠CDO…(i)

Oは線分ADの中点より，AO＝❶＿＿＿＿…(ii)

❷＿＿＿＿は等しいので，∠AOB＝❸＿＿＿＿…(iii)

(i)～(iii)より，❹＿＿＿＿＿＿＿＿がそれぞれ等しいので，

△AOB ≡ △DOC

(2) 直角三角形の合同

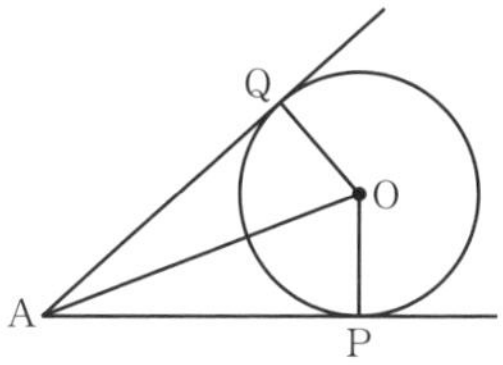

● 右の図で，P，Qは接点である。

△AOP ≡ △AOQであることを証明しなさい。

（証明） △AOPと△AOQにおいて，

接線は接点を通る半径に垂直だから，∠OPA＝❶＿＿＿＿＝90°…(i)

円Oの半径だから，OP＝❷＿＿＿＿…(ii)

共通な辺だから，AO＝AO…(iii)

(i)～(iii)より，直角三角形の❸＿＿＿＿＿＿がそれぞれ等しいので，

△AOP ≡ △AOQ

>> ②相似（三角形と比，中点連結定理，相似な図形）

(1) 三角形と比／中点連結定理

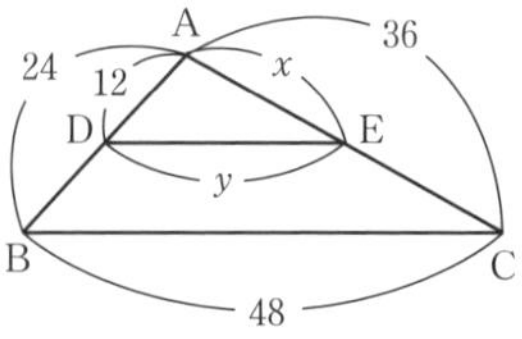

● 右の図で，DE∥BCのときのxとyの値を求めなさい。

AD：AB＝❶＿＿＿＿＿＿（対応する辺）より，

12：24＝x：36，x＝❷＿＿＿＿

D，Eはそれぞれ辺AB，辺ACの中点なので，中点連結定理より，

y＝❸＿＿＿＿×BC＝❹＿＿＿＿

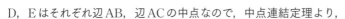

三角形の合同条件

- 3組の辺がそれぞれ等しい。
- 2組の辺とその間の角がそれぞれ等しい。
- 1組の辺とその両端の角がそれぞれ等しい。

• 証明の注意点
対応する辺や角を対応する頂点の順で必ずそろえる。

◎ 2つの直角三角形において，斜辺（しゃへん）が等しいとき，直角三角形の合同条件が使える。

中点連結定理

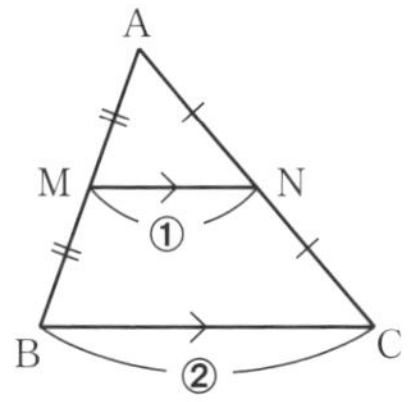

AM＝MB，
AN＝NCのとき，
MN∥BC，MN＝$\frac{1}{2}$BC

三角形の相似条件

- 3組の辺の比がすべて等しい。
- 2組の辺の比とその間の角がそれぞれ等しい。
- 2組の角がそれぞれ等しい。

三角形の角の二等分線と線分の比

∠BAD＝∠CADのとき
AB：AC＝BD：DC

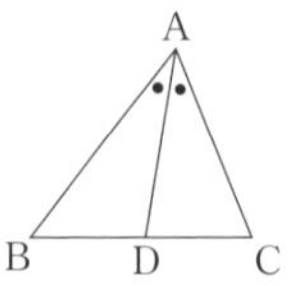

(2)　相似な図形

● 右の図で，線分 AE と線分 BD の交点を点Cとするとき，
△ABC と △DEC の面積比を求めなさい。

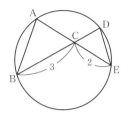

△ABC と △DEC において，△ABC ∽ △DEC

BC : EC = ❶＿＿＿＿＿ : ❷＿＿＿＿＿ より，

△ABC と △DEC の面積比は

❸＿＿＿＿＿ : ❹＿＿＿＿＿

〉〉 ③三平方の定理

(1)　三平方の定理

● 右の図で，xの値を求めなさい。

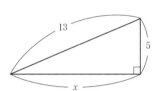

$x^2 = $ ❶＿＿＿＿${}^2 -$ ❷＿＿＿＿${}^2 = $ ❸＿＿＿＿

$x > 0$ より，$x = $ ❹＿＿＿＿

(2)　特別な直角三角形の3辺の比

● 右の図で，xの値を求めなさい。

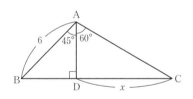

AD : AB = 1 : ❶＿＿＿＿ より，

AD = ❷＿＿＿＿

AD : DC = 1 : ❸＿＿＿＿ より，

$x = $ ❹＿＿＿＿

(3)　空間図形への利用

● 右の図のような，正四角錐（せいしかくすい）の体積を求めなさい。

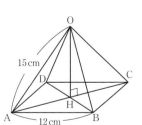

　　　　△ABCは，直角二等辺三角形

$AH = \boxed{AC} \times \dfrac{1}{2} = $ ❶＿＿＿＿ $\times \dfrac{1}{2}$

　　　$= $ ❷＿＿＿＿（cm）

△OAHにおいて三平方の定理を用いると，

$OH^2 = 15^2 - ($ ❷＿＿＿＿ $)^2 = $ ❸＿＿＿＿

$OH > 0$ より，$OH = $ ❹＿＿＿＿（cm）

したがって，体積は $12 \times 12 \times$ ❹＿＿＿＿ $\times \dfrac{1}{3} = $ ❺＿＿＿＿（cm³）

面積比・体積比

相似比が$a : b$のとき
面積比は $a^2 : b^2$
体積比は $a^3 : b^3$

三平方の定理

$a^2 + b^2 = c^2$

特別な三角形の辺の比

○ 三角定規

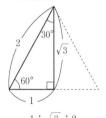

$1 : \sqrt{3} : 2$

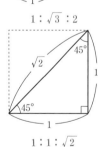

$1 : 1 : \sqrt{2}$

○ 3辺の比が整数になる直角三角形（例）

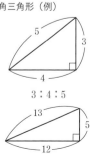

$3 : 4 : 5$

$5 : 12 : 13$

DAY
6

1 次の問いに答えなさい。

(1) 右の図で，∠ABC ＝ ∠AED のとき，線分 AD の長さを求めなさい。

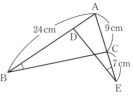

[　　　　　]

(2) 右の図のように，AD ＝ DB，BE ＝ EC ＝ CF，線分 AC と線分 DF の交点を G とする。

AC ＝ 16cm のとき，線分 AG の長さを求めなさい。

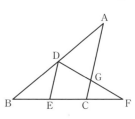

[　　　　　]

(3) 2つの円錐 P と円錐 Q は相似であり，円錐 P の底面積は $9\pi\mathrm{cm}^2$ で，円錐 Q の底面積は $25\pi\mathrm{cm}^2$ である。このとき，円錐 P と円錐 Q の体積比を求めなさい。

[　　　　　]

2 次の問いに答えなさい。

(1) 正方形の対角線の長さが4cm のとき，正方形の1辺の長さを求めなさい。

[　　　　　]

(2) 1辺の長さが4cm の正三角形の面積を求めなさい。

[　　　　　]

(3) 右の図で，3点 A，B，C は円 O の周上にあり，HO ＝ 3cm，HC ＝ 9cm である。このとき，弦 AB の長さを求めなさい。

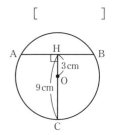

[　　　　　]

(4) 直角三角形の合同条件を2つ答えなさい。

[　　　　　　　　　]

[　　　　　　　　　]

3 右の図のような円錐について，次の各問いに答えなさい。

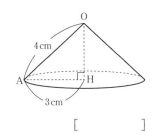

(**1**) OHの長さを求めなさい。

[　　　　]

(**2**) この円錐の体積を求めなさい。

[　　　　]

4 右の図のように，平行四辺形ABCDを点Cを中心に点Dが辺BCの延長上の点Gにくるように時計回りに回転させると，2点A，Bは，それぞれ点F，Eに移動した。このとき，△BEC ∽ △DGCであることを証明しなさい。

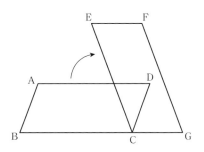

5 右の図は，ABを直径とする半円Oの弧AB上に，点Cをとり，線分ACの中点をD，ODの延長と弧ABとの交点をEとしたものである。AB = 12cm，BC = 4cmであるとき，次の各問いに答えなさい。

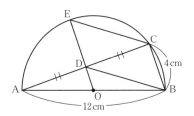

(**1**) ACの長さを求めなさい。

[　　　　]

(**2**) 四角形BCEDの面積を求めなさい。

[　　　　]

データの活用
～データの分析，確率，標本調査～

STEP 1 **基本問題** ✓ 空欄にあてはまる数や式，記号，言葉を書きなさい。

≫ ①データの分析

(1) 度数分布表

● 右の図は，あるクラスの生徒30人のテストの点数の
記録を度数分布表に整理したものである。

階級（点）	度数（人）
以上　　未満 30 ～ 40	3
40 ～ 50	7
50 ～ 60	6
60 ～ 70	6
70 ～ 80	8
合計	30

- 点数が40点の生徒は，

  ❶＿＿＿＿＿点以上❷＿＿＿＿＿点未満の階級に入る。

- 60点以上70点未満の階級の相対度数は，$\dfrac{❸}{30}$ ＝ ❹＿＿＿＿＿

- 中央値が入る階級は❺＿＿＿＿＿＿＿＿で，

  最頻値は❻＿＿＿＿＿点

(2) 四分位範囲・箱ひげ図

● 次のデータは，ある地域での10日間の最高気温を低い順に並べたものである。

27 27 28 28 29 31 31 31 33 34 （度）

- 第1四分位数は❶＿＿＿＿＿度，第2四分位数（中央値）は

  ❷＿＿＿＿＿度，第3四分位数は❸＿＿＿＿＿度である。

- 四分位範囲は❹＿＿＿＿＿度である。

- 箱ひげ図で表すと，

  ❺

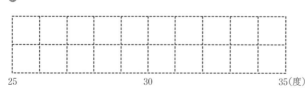

25　　　　　30　　　　　35(度)

相対度数

各階級の度数が，全体の中でどれだけの割合にあたるかを示す値を**相対度数**という。相対度数の総和は1である。

階級値

データがはいる1つ1つの区間を階級という。階級値はそのまん中の値。

中央値(メジアン)

データを小さい順に並べて中央にあるデータを**中央値**という。

◎ データが偶数個のときの中央値は，中央の2つの数値の平均値である。

最頻値（モード）

データの中で，最もよく出てくる値を**最頻値**という。

◎ 度数分布表から最頻値を求めるときは，その階級の階級値が最頻値となる。

箱ひげ図のかき方

1. データを小さい順に並べる。
2. 最大値と最小値を求める。
3. 第2四分位数（中央値）を求める。
4. 第1四分位数と第3四分位数を求める。
5. ひげの右（上）端が「最大値」，左（下）端が「最小値」，箱の右（上）端を「第3四分位数」，左（下）端を「第1四分位数」となるようにかき，中央値をかき入れる。

>> ②確率・場合の数

(1) 玉の取り出し方

● 袋に，赤い玉が3個，白い玉が2個入っている。この中から同時に2個の玉を取り出すとき，2個とも赤い玉である確率を求めなさい。

赤い玉を❶❷❸，白い玉を①②と考える。

玉の取り出し方は全部で，❶＿＿＿＿＿通り

このうち2個とも赤い玉であるのは，❷＿＿＿＿＿通り

したがって，求める確率は❸

＿＿＿＿＿＿＿＿＿

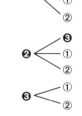

(2) 2つのサイコロ

● 大小2つのサイコロを同時に投げるとき，出た目の差が3であるときの確率を求めなさい。

大小2つのサイコロの目の出方は全部で❶＿＿＿＿通り

表より，差が3になる数字の組み合わせは，

❷＿＿＿＿＿通り

したがって，求める確率は $\dfrac{❷}{❶}$ ＝ ❸ ＿＿＿＿＿

大\小	1	2	3	4	5	6
1				○		
2					○	
3						○
4	○					
5		○				
6			○			

>> ③標本調査

● 白と黒のご石が合わせて600個入った袋がある。この袋の中から30個を無作為に取り出すと，そのうちの10個が白いご石だった。袋の中の白いご石はおよそ何個と考えられるか，求めなさい。

標本とした30個にふくまれる白いご石の割合は，$\dfrac{❶}{30}$ ＝ ❷ ＿＿＿＿＿

よって，袋の中の600個のうちの白いご石の数は，

およそ 600 × ❷ ＿＿＿＿＿ ＝ ❸ ＿＿＿＿＿（個）

確率

Aが起こる確率(p)＝

$\dfrac{\text{A が起こる場合の数}}{\text{起こりうるすべての場合の数}}$

$(0 \leqq p \leqq 1)$

◎ **サイコロは表，コインは樹形図**をかくと，数え上げのミスが防ぎやすい。

◎『**同時に**』取り出すときと『**もとにもどして取り出す**』ときの取り出し方の違いに注意する。

標本調査・全数調査

ある集団の中から一部の調査対象を選び出して調べ，その情報を基に，元の集団全体の状態を推計することを**標本調査**という。逆に，調査対象となる母集団を全て調べることを**全数調査**という。

◎ 全数調査を行うと，多くの時間や費用，手間がかかる場合や，調査によって商品をこわす可能性がある場合，標本調査が適する。

DAY
7

STEP 2 練習問題

✓ あとの問いに答えなさい。

1 **右の図は，あるクラス30人の1時間当たりのスマートフォンの使用時間を度数分布表にまとめたものである。次の各問いに答えなさい。**

階級(分)	度数(人)
以上 未満 0 ～ 5	5
5 ～ 10	11
10 ～ 15	8
15 ～ 20	3
20 ～ 25	3
合計	30

(1) 15分以上20分未満の階級の相対度数を求めなさい。

[　　　　]

(2) 最頻値を求めなさい。

[　　　　]

(3) 中央値が入る階級を求めなさい。

[　　　　]

2 **次の各問いに答えなさい。**

(1) A，B，Cの3人でジャンケンを1回するとき，1人だけ勝つ場合は何通りか，求めなさい。

[　　　　]

(2) 赤色のペンが2本，黒色のペンが3本入った袋からペンを同時に2本取り出すとき，2本のペンの色が異なる確率を求めなさい。

[　　　　]

(3) 赤色のペンが2本，黒色のペンが3本入った袋からペンを1本取り出して色を調べ，袋にもどす。再度ペンを1本取り出すとき，2本のペンの色が異なる確率を求めなさい。

[　　　　]

(4) 大小2つのサイコロを同時に投げるとき，出た目の和が4の倍数である確率を求めなさい。

[　　　　]

3 次のア～カのうち，標本調査に適しているもの，全数調査に適しているものをそれぞれ答えなさい。

ア あるクラスの生徒の身体測定結果 **イ** 水道水の水質調査

ウ 選挙の投票率 **エ** テレビの視聴率

オ 家計調査 **カ** 出荷される野菜の鮮度調査

標本調査 [　　　　] 全数調査 [　　　　]

4 下の箱ひげ図は，あるクラスの生徒40人の数学のテストの点数をもとにつくられたものである。この箱ひげ図から読み取れることとして正しい記述を，あとのア～エの中から1つ選び，記号で答えなさい。

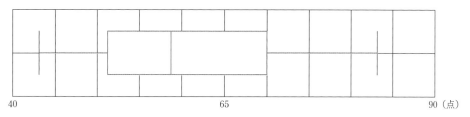

ア 生徒40人の数学の点数の中央値は60点である。

イ 数学の点数が80点以上の生徒は少なくとも2人はいる。

ウ 数学の点数が70点以上の生徒は少なくとも10人はいる。

エ 数学の点数の範囲は50点になっている。

[　　　　]

5 大小2つのサイコロを同時に投げ，大きいサイコロで出た目をaとし，小さいサイコロで出た目をbとする。次の各問いに答えなさい。

(1) aとbの積が奇数になる確率を求めなさい。

[　　　　]

(2) 直線$y = ax + b$が$(2, 7)$を通る確率を求めなさい。

[　　　　]

6 ある池の鯉の総数を調べるために，以下の操作をした。このとき，池の鯉の総数はおよそ何匹であると考えられるか，求めなさい。

• ある日に池の鯉を網ですくって，30匹の鯉に印をつけた。

• 3日後に池の鯉を網ですくうと，25匹の鯉が網の中にいて，印がついた鯉は5匹であった。

[　　　　]

① **次の計算をしなさい。**

(**1**) $-\dfrac{3}{8}+\dfrac{2}{3}$ 　〈神奈川県〉 　(**2**) $(-3)^2 \div \dfrac{1}{6}$ 　〈北海道〉

[　　　　] 　　　　 [　　　　]

(**3**) $\dfrac{3x-2}{4}-\dfrac{x-3}{6}$ 　〈愛知県〉 　(**4**) $2(5a+4b)-(a-6b)$ 　〈福岡県〉

[　　　　] 　　　　 [　　　　]

(**5**) $\sqrt{3}\times\sqrt{6}-\sqrt{2}$ 　〈宮城県〉 　(**6**) $(\sqrt{6}-1)(2\sqrt{6}+9)$ 　〈東京都〉

[　　　　] 　　　　 [　　　　]

② **次の問いに答えなさい。**

(**1**) 方程式 $1.3x+0.6=0.5x+3$ を解きなさい。〈埼玉県〉

[　　　　]

(**2**) 連立方程式 $\begin{cases} 0.2x+0.8y=1 \\ \dfrac{1}{2}x+\dfrac{7}{8}y=-2 \end{cases}$ を解きなさい。〈神奈川県〉

[　　　　]

(**3**) 2次方程式 $2x^2-3x-6=0$ を解きなさい。〈東京都〉

[　　　　]

(**4**) n を整数とするとき，次の**ア〜エ**の式のうち，その値がつねに3の倍数になるものはどれですか。一つ選び，記号で答えなさい。〈大阪府〉

　ア $\dfrac{1}{3}n$ 　**イ** $n+3$ 　**ウ** $2n+1$ 　**エ** $3n+6$

[　　　　]

(**5**) $a=-1$，$b=\dfrac{3}{5}$ のとき，$(a+4b)-(2a-b)$ の値を求めなさい。〈宮城県〉

[　　　　]

③ 図のように，関数 $y = ax^2$ のグラフ上に2点A，Bがあり，関数 $y = \dfrac{1}{2}x^2$ のグラフ上に2点C，Dがある。点Aと点Cの x 座標は2，点Bの x 座標は4，点Cと点Dは y 座標が等しい異なる2点である。また，関数 $y = ax^2$ で，x の値が2から4まで増加するときの変化の割合は $\dfrac{3}{2}$ である。次の問いに答えなさい。〈兵庫県〉

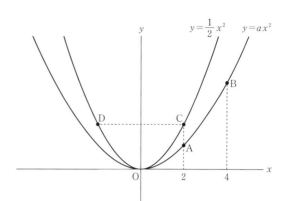

(1) 点Cの y 座標を求めなさい。

[   ]

(2) a の値を求めなさい。

[   ]

(3) 直線AB上に，点Dと x 座標が等しい点Eをとる。

①　点Eの座標を求めなさい。

[   ]

②　四角形ACDEを，直線CDを軸として1回転させてできる立体の体積は何 cm^3 か，求めなさい。ただし，座標軸の単位の長さは1cmとし，円周率は π とする。

[   ]

④ 図のように，円筒の中に1から9までの数字が1つずつ書かれた9本のくじがある。円筒の中から1本のくじを取り出し，くじに書かれた数が偶数のとき教室清掃の担当に，奇数のとき廊下清掃の担当に決まるものとする。Aさんが9本のくじの中から1本を取り出すとき，Aさんが教室清掃の担当に決まる確率を求めなさい。〈北海道〉

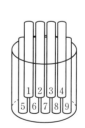

[   ]

⑤ 次の問いに答えなさい。

(1) 右の図で，∠xの大きさを求めなさい。〈兵庫県〉

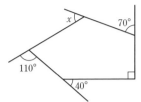

[   ]

(2) 図のように，A，B，Cは円Oの周上の点である。
円Oの半径が6cm，∠BAC = 30°のとき，線分BCの長さを求めなさい。〈愛知県〉

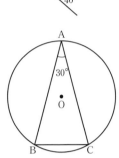

[   ]

⑥ 図のように，△ABCの辺AB上に，∠ABC = ∠ACDとなる点Dをとる。また，∠BCDの二等分線と辺ABとの交点をEとする。AD = 4cm，AC = 6cmである。〈埼玉県〉

(1) △ABCと△ACDが相似であることを証明しなさい。

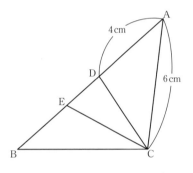

[

]

(2) 線分BEの長さを求めなさい。

[   ]

⑦ 次の問いに答えなさい。

(1) 図のように，ℓ∥mのとき，∠xの大きさを求めなさい。

〈兵庫県〉

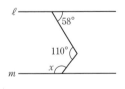

[   ]

(2) 図のように，AD = 5cm，BC = 8cm，AD∥BCである台形ABCDがある。辺ABの中点をEとし，Eから辺BCに平行な直線を引き，辺CDとの交点をFとするとき，線分EFの長さを求めなさい。〈埼玉県〉

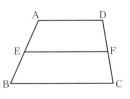

[   ]

(3) 図のように，AB = 5cm，BC = 4cmの長方形ABCDが
ある。

このとき，線分BDの長さを求めなさい。〈神奈川県〉

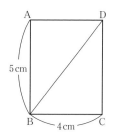

[　　　　　]

(4) 図のように，A, B, Cは半円Oの周上の点で，AC⊥BOで
あり，Dは線分ACとBOとの交点である。AC = 10cm，
BO = 6cmのとき，線分DOの長さを求めなさい。〈愛知県〉

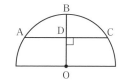

[　　　　　]

⑧ 図のように，半径7cmの球を，中心から4cmの距離にある平面で
切ったとき，切り口の円の面積を求めなさい。ただし，円周率は
πとする。〈埼玉県〉

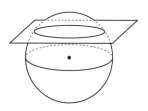

[　　　　　]

⑨ 図Ⅰのような，半径が3cmの円Oを底面とし，高さが4cmの円錐
がある。ただし，円周率はπとする。〈宮城県〉

(1) この円錐の体積を求めなさい。

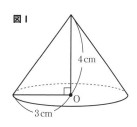

図Ⅰ

[　　　　　]

(2) 図Ⅱは，図Ⅰにおいて，円錐の頂点をAとし，線分AO
上に，AB：BO = 3：2となる点Bをとったものである。こ
の円錐を，点Bをふくむ，底面に平行な平面で分けたとき
にできる2つの立体のうち，円錐の方をP，もう一方の立
体をQとする。円錐Pと立体Qの体積の比を求めなさい。

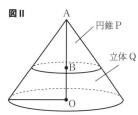

図Ⅱ

円錐P

立体Q

[　　　　　]

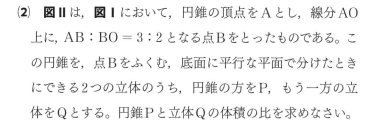

① 次の計算をしなさい。

(**1**)　$7 + 2 \times (-6)$　　〈福岡県〉

[　　　　　]

(**2**)　$(-4)^2 - 9 \div (-3)$　　〈京都府〉

[　　　　　]

(**3**)　$8ab^2 \times 3a \div 6a^2b$　　〈神奈川県〉

[　　　　　]

(**4**)　$(8a - 5b) - \dfrac{1}{3}(6a - 9b)$　　〈千葉県〉

[　　　　　]

(**5**)　$4\sqrt{5} - \sqrt{20}$　　〈兵庫県〉

[　　　　　]

(**6**)　$\sqrt{48} - 3\sqrt{6} \div \sqrt{2}$　　〈愛知県〉

[　　　　　]

② 次の問いに答えなさい。

(**1**)　一次方程式 $2(x + 8) = 7 - x$ を解きなさい。〈東京都〉

[　　　　　]

(**2**)　方程式 $2x + 3y - 5 = 4x + 5y - 21 = 10$ を解きなさい。〈京都府〉

[　　　　　]

(**3**)　二次方程式 $(x + 1)^2 = 72$ を解きなさい。〈京都府〉

[　　　　　]

(**4**)　n を自然数とするとき，$5 - \dfrac{78}{n}$ の値が自然数となるような最も小さい n の値を求めなさい。〈大阪府〉

[　　　　　]

(**5**)　等式 $4a - 5b = 3c$ を a について解きなさい。〈宮城県〉

[　　　　　]

③ 図のように，関数 $y = \dfrac{1}{2}x^2$ のグラフ上に2点A，Bが

あり，その x 座標はそれぞれ，-4，2である。また，直線ABと y 軸の交点をCとする。

次の問いに答えなさい。ただし，座標軸の単位の長さは1cmとする。〈兵庫県〉

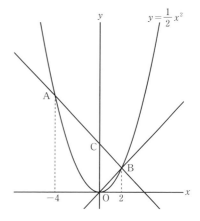

(1) 直線OBの傾きを求めなさい。

[   ]

(2) △OACの面積は何 cm^2 か，求めなさい。

[   ]

(3) △OACと△BCDの面積が等しくなるように，y 軸上の正の部分に点Dをとる。

① 点Dの y 座標を求めなさい。

[   ]

② 点Bを通り，四角形OADBの面積を2等分する直線と，直線ADの交点の座標を求めなさい。

[   ]

④ 大小2つのさいころを同時に1回投げ，大きいさいころの出た目を a，小さいさいころの出た目を b とする。このとき，$\dfrac{a+1}{2b}$ の値が整数となる確率を求めなさい。ただし，さいころを投げるとき，1から6までのどの目が出ることも同様に確からしいもとする。〈千葉県〉

[   ]

⑤ 次の問いに答えなさい。

(1) 右の図で，∠ x の大きさを求めなさい。〈埼玉県〉

[   ]

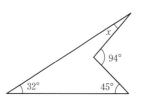

(2) 右の図で，4点 A，B，C，D は円 O の周上にある。
このとき，∠x の大きさを求めなさい。〈京都府〉

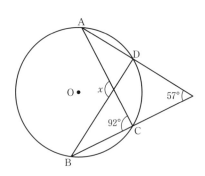

[　　　　]

⑥ 図のように，AD∥BC の台形 ABCD があり，対角線
AC，BD の交点を E とする。次の問いに答えなさい。
〈北海道〉

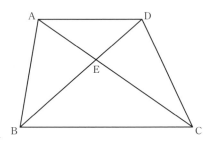

(1) CD＝CE，∠ACD＝30° のとき，∠BEC の
大きさを求めなさい。

[　　　　]

(2) 線分 BE 上に点 F を，BF＝DE となるようにとる。点 F を通り，対角線 AC に平行
な直線と辺 AB，BC との交点をそれぞれ G，H とする。このとき，AD＝HB を証明し
なさい。

⑦ 次の問いに答えなさい。

(1) 図のように，2 直線 ℓ，m は平行である。
このとき，x の値を求めなさい。〈神奈川県〉

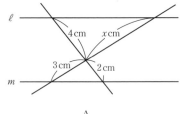

[　　　　]

(2) 右の図において，AB∥EC，AC∥DB，DE∥BC
である。また，線分 DE と線分 AB，AC との交点を
それぞれ F，G とすると，AF：FB＝2：3 であっ
た。BC＝10cm のとき，線分 DE の長さを求めなさ
い。〈京都府〉

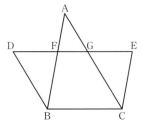

[　　　　]

⑶ 右の図で，四角形ABCDは AB ＝ DC，AD∥BC の台形である。AB ＝ 4cm，AD ＝ 4cm，BC ＝ 8cm のとき，台形ABCDの高さを求めなさい。〈愛知県〉

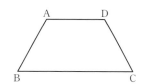

[　　　　　]

⑷ 図で，四角形ABCDは長方形で，Eは辺ABの中点である。また，Fは辺AD上の点で，FE∥DBであり，G，Hはそれぞれ線分FCとDE，DBとの交点である。

AB ＝ 6cm，AD ＝ 10cmのとき，あとの問いに答えなさい。〈愛知県〉

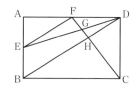

① 線分FEの長さを求めなさい。

[　　　　　]

② △DGHの面積を求めなさい。

[　　　　　]

⑧ 右の図の立体は，底面の半径が4cm，高さが$a$cmの円柱である。右図の円柱の表面積は120πcm²である。aの値を求めなさい。
ただし，円周率はπとする。〈大阪府〉

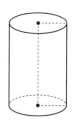

[　　　　　]

⑨ 右の図で，立体OABCは△ABCを底面とする正三角すいであり，Dは辺OA上の点で，△DBCは正三角形である。OA ＝ OB ＝ OC ＝ 6cm，AB ＝ 4cmのとき，次の問いに答えなさい。〈愛知県〉

⑴ 線分DAの長さを求めなさい。

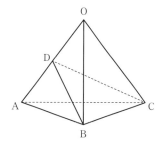

[　　　　　]

⑵ 立体ODBCの体積は正三角すいOABCの体積の何倍か，求めなさい。

[　　　　　]

>> ①数と式の計算

○ **計算の順序**

① 累乗
② （　）の中
③ ×，÷
④ ＋，−

○ **累乗の計算**

例 $(-3)^2 = (-3) \times (-3)$
$\qquad = +9$

例 $-3^2 = -(3 \times 3)$
$\qquad = -9$

○ **かっこのはずし方**

かっこの前が負の数のときは，符号に注意しよう！

$-2\,(2a - 3b) = -4a + 6b$

○ **分母の有理化**

$$\frac{n}{\sqrt{m}} = \frac{n \times \sqrt{m}}{\sqrt{m} \times \sqrt{m}} = \frac{n\sqrt{m}}{m}$$

○ **指数法則**

$a^m \times a^n = a^{m+n}$

$a^m \div a^n = a^{m-n}$

$(a^m)^n = a^{m \times n}$

○ **根号を含む計算**

$\sqrt{a} \times \sqrt{b} = \sqrt{ab}$

$\sqrt{a} \div \sqrt{b} = \sqrt{\dfrac{a}{b}}$

○ **乗法公式**

$(x+a)(x+b) = x^2 + (a+b)x + ab$

$(a+b)^2 = a^2 + 2ab + b^2$

$(a-b)^2 = a^2 - 2ab + b^2$

$(a+b)(a-b) = a^2 - b^2$

>> ②2次方程式の解の公式

○ **2次方程式の解の公式**

$ax^2 + bx + c = 0 \ (a \neq 0)$ のとき，

$$x = \frac{-b \pm \sqrt{b^2 - 4ac}}{2a}$$

> x の係数が偶数のときの解の公式（$b = 2b'$ のとき）
>
> $$x = \frac{-b' \pm \sqrt{b'^2 - ac}}{a}$$

>> ③関数

○ **比例**　$y = ax \ (a \neq 0)$

比例定数 a　$a = \dfrac{y}{x}$

比例のグラフは原点を通る直線

$a > 0$ のとき　　$a < 0$ のとき

反比例のグラフは双曲線

$a > 0$ のとき　　$a < 0$ のとき

○ **反比例**　$y = \dfrac{a}{x} \ (a \neq 0)$

比例定数 a　$a = xy$

○ **中点の座標**　2点 (a, b) と (c, d) の中点の座標は，$\left(\dfrac{a+c}{2}, \dfrac{b+d}{2} \right)$

○ **1次関数**

$y = ax + b \ (a \neq 0)$

傾き a，切片 b

変化の割合 $= \dfrac{y \text{の増加量}}{x \text{の増加量}}$

（1次関数では変化の割合は一定で，
　グラフの傾き a と等しい）

$a > 0$ のとき　　$a < 0$ のとき

切片　　　　　　切片

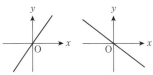

○ **2直線の交点**

$\begin{cases} y = mx + n \\ y = px + q \end{cases}$ の交点は，これらの連立方程式の

解なので，$mx + n = px + q$ として解いていく。

◦ 平行な2直線 → 傾きが等しい

◦ 垂直な2直線 → 傾きの積が -1

例 $y = 2x + 5$ と垂直に交わる直線の傾きを a と

$\qquad$ すると，$2 \times a = -1$ より，$a = -\dfrac{1}{2}$

$\circ y = ax^2 \ (a \neq 0)$

グラフは原点を通る放物線

$a > 0$ のとき　　$a < 0$ のとき

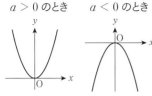

$\circ y = ax^2$ の変化の割合

x が p から q まで増加するとき，$y = ax^2$ の変化の割合は $a(p+q)$ で求められる。

注意 $y = ax^2$ の変化の割合は一定ではない

○変域

$y = ax^2$ で y の変域を求めるときは，x の変域に 0 が含まれるか含まれないかに注意する。

x の変域に 0 が含まれる場合

$a > 0$ のとき，y の変域の最小値は 0 になる。

$a < 0$ のとき，y の変域の最大値は 0 になる。

例 $y = x^2$ で x の変域が $-3 \leqq x \leqq 2$ のときの y の変域は，$0 \leqq y \leqq 9$

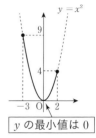

y の最小値は 0

≫ ④データの活用

○ 平均値

$$\text{平均値} = \frac{\text{データの値の合計}}{\text{データ個数}}$$

度数分布表から求める平均値

$$\text{平均値} = \frac{\{(\text{階級値}) \times (\text{度数})\} \text{の合計}}{\text{度数の合計}}$$

※度数分布表から平均値を求めるときは
　仮平均を用いるとよい。

○ 中央値 （メジアン）:

データを大きさの順に並べたとき, 中央にくる値

●資料が奇数個あるとき　●資料が偶数個あるとき
○○○●○○○　　　○○○●●○○○
　中央の値　　　　中央に並んだ2つの平均

○ 最頻値 （モード）: もっとも多く現れる値
　　　　　　　　　　度数分布表では，度数のもっとも大きい階級の階級値。

○ 相対度数 $= \dfrac{\text{その階級の度数}}{\text{度数の合計}}$

○ 累積度数: もっとも小さい階級から，ある階級までの度数の合計。

○ 累積相対度数: もっとも小さい階級から，ある階級までの相対度数の合計。

○ 範囲 （レンジ）: 最大の値から最小の値をひいた値。

○ 階級値: 階級の中央の値。例 10m 以上 15m 未満の階級値 $\rightarrow \dfrac{10+15}{2} = 12.5\text{m}$

○ 確率

起こりうるすべての場合の数が n 通りあり，そのうちことがら A の起こる場合が a 通りあるとき，

ことがら A の起こる確率　$p = \dfrac{a}{n}$

ことがら A の起こらない確率は，$1 - p = 1 - \dfrac{a}{n}$

○四分位数と四分位範囲

データを大きさの順に並べたとき，4等分する位置にくる3つの値を小さい方から，第1四分位数，第2四分位数，第3四分位数という。第2四分位数は中央値のこと。

四分位範囲：第3四分位数から第1四分位数をひいた値。（四分位範囲）＝（第3四分位数）－（第1四分位数）

※箱ひげ図では，箱（長方形）の横の長さになる。

○箱ひげ図

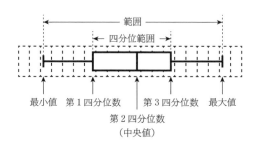

≫ ⑤円とおうぎ形

（半径 r，中心角 $a°$）

○円　円周　　　　$\ell = 2\pi r$　　　　　円の面積　$S = \pi r^2$

○おうぎ形　弧の長さ　$\ell = 2\pi r \times \dfrac{a}{360}$　　　面積　$S = \pi r^2 \times \dfrac{a}{360}$　または　$S = \dfrac{1}{2}\ell r$（ℓは弧の長さ）

○円と接線

（P，Qは接点）

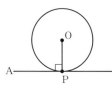
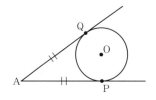

$\angle \mathrm{OPA} = 90°$　　　　　$\mathrm{AP} = \mathrm{AQ}$

（接線は接点を通る半径に垂直）

≫ ⑥空間図形

○角柱の体積
$V = Sh$

○円柱の体積
$V = \pi r^2 h$

○角錐の体積
$V = \dfrac{1}{3}Sh$

○球の体積・表面積
$V = \dfrac{4}{3}\pi r^3$　$S = 4\pi r^2$

○ 円錐の体積・表面積（母線ℓ）

$$V = \frac{1}{3}\pi r^2 h$$

展開図

側面積　$\pi \ell r$

表面積　$\pi r^2 + \pi \ell r$

側面のおうぎ形の中心角　$a = 360 \times \dfrac{r}{\ell}$

≫ ⑦平行線と角・多角形

○ 錯角・同位角

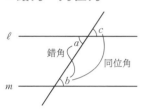

○ 内角と外角

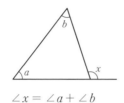

$$\angle x = \angle a + \angle b$$

○ 多角形

内角の和：$180° (n-2)$

外角の和：$360°$

対角線の本数：$\dfrac{n(n-3)}{2}$ 本

$\ell /\!/ m$ のとき,

$\angle a = \angle b$（錯角）

$\angle b = \angle c$（同位角）

≫ ⑧等積変形・面積を二等分する直線

○ 等積変形

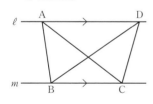

$\ell /\!/ m$ のとき, $\triangle ABC = \triangle DBC$

○ 三角形の面積を二等分する直線

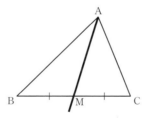

A を通り △ABC の面積を二等分する直線⇒BC の中点 M を通る

>> ⑨ 合同・相似

○三角形の合同条件

① 3組の辺がそれぞれ等しい

② 2組の辺とその間の角がそれぞれ等しい

③ 1組の辺とその両端の角がそれぞれ等しい

○平行四辺形の定義と性質

【定義】　2組の対辺がそれぞれ平行な四角形

【性質】　2組の対辺はそれぞれ等しい

　　　　　2組の対角はそれぞれ等しい

　　　　　対角線はそれぞれの中点で交わる

○三角形の相似条件

① 3組の辺の比がすべて等しい

② 2組の辺の比とその間の角がそれぞれ等しい

③ 2組の角がそれぞれ等しい

○直角三角形の合同条件

① 直角三角形の斜辺と他の1辺がそれぞれ等しい

② 直角三角形の斜辺と1つの鋭角がそれぞれ等しい

○平行四辺形になるための条件

① 2組の対辺がそれぞれ平行である

② 2組の対辺がそれぞれ等しい

③ 2組の対角がそれぞれ等しい

④ 対角線がそれぞれの中点で交わる

⑤ 1組の対辺が平行でその長さが等しい

>> ⑩ 円周角

円周角 $= \dfrac{1}{2} \times$ 中心角

同じ弧に対する円周角は等しい

半円の弧に対する円周角は90°

○円周角の定理の逆

2点P, Qが直線ABについて同じ側にあって，∠APB ＝ ∠AQB ならば，

4点A，B，P，Qは同一円周上にある。

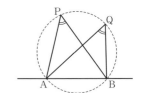

>> ⑪ 相似

○よく出てくる相似な図形

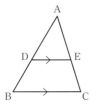

DE∥BC のとき

△ADE ∽ △ABC

DE∥BC のとき

△ADE ∽ △ABC

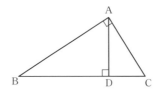

∠BAC ＝ ∠ADB ＝ 90° のとき

△ABC ∽ △DBA ∽ △DAC

○平行線と比

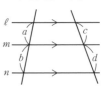

$\ell /\!/ m /\!/ n$ のとき

$a : b = c : d$

○ 中点連結定理

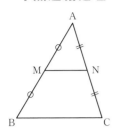

M，Nが中点のとき，

MN∥BC

$MN = \dfrac{1}{2}BC$

○ 角の二等分線

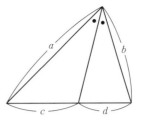

$a : b = c : d$

○ 面積比・体積比

相似比が$m : n$である図形　→　面積比　$m^2 : n^2$

相似比が$m : n$である立体　→　表面積の比　$m^2 : n^2$　体積比　$m^3 : n^3$

>> ⑫三平方の定理

○ 三平方の定理

$a^2 + b^2 = c^2$

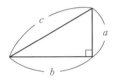

○ 三角定規の3辺の比

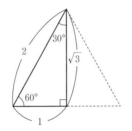

$1 : \sqrt{3} : 2$

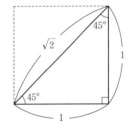

$1 : 1 : \sqrt{2}$

○ 3辺の比がすべて整数になる直角三角形

（例）

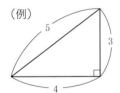

$3 : 4 : 5$

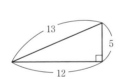

$5 : 12 : 13$

○ 正三角形の高さと面積

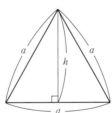

一辺の長さがaの

正三角形

$h = \dfrac{\sqrt{3}}{2}a$

$S = \dfrac{\sqrt{3}}{4}a^2$

○ 直方体の対角線

$\ell = \sqrt{a^2 + b^2 + c^2}$

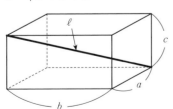

○ 立方体の対角線

$\ell = \sqrt{a^2 + a^2 + a^2} = \sqrt{3}\,a$

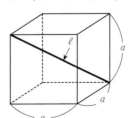

監修　岩本 将志

大学卒業後、一般企業に就職。その後、大手進学塾に入社。小中学生を対象に算数、数学、理科の担当として長年にわたり指導。現在は河合塾グループの難関高校進学塾「河合塾Wings」に所属し、教室長、数学科責任者を歴任。進路指導に定評があり、高い合格率を誇る。生徒本人に考えさせる指導法で、あえて「教えすぎない」をモットーとしている。
著書に『改訂版 中学理科が面白いほどわかる本』、『定期テスト～高校入試対策　中学理科の点数が面白いほどとれる一問一答』（以上、KADOKAWA）などがある。

高校入試　7日間完成
塾で教わる
中学3年分の総復習　数学

2023年11月10日　初版発行

監修／岩本 将志

発行者／山下 直久

発行／株式会社KADOKAWA
〒102-8177　東京都千代田区富士見2-13-3
電話0570-002-301（ナビダイヤル）

印刷所／株式会社加藤文明社印刷所

製本所／株式会社加藤文明社印刷所

ISBN 978-4-04-606391-5 C6041

数と式①
～数と計算，式の計算，平方根～

解答

① (1) ❶$+5$ ❷$15$ ❸$-\dfrac{3}{7}$ ❹-3

　(2) ❶$16$ ❷$28$ ❸$9$ ❹-2 ❺-18

② (1) ❶$-6x$ ❷$+8y$ ❸$-8x+11y$

　(2) ❶$2x^3y^5$ ❷$5m^2n$ ❸$4m^2$

　(3) ❶$-15y$ ❷$-5y-4$

③ (1) ❶$27$ ❷$25$ ❸$>$ ❹$17$ ❺$25$

　　❻$18, 19, 20, 21, 22, 23, 24$

　(2) ❶$\sqrt{5}$ ❷$2\sqrt{5}$ ❸$15\sqrt{15}$ ❹$3\sqrt{15}$

　(3) ❶$90\,(6\times15)$ ❷$3\sqrt{10}$ ❸$3\sqrt{3}$

　　❹$2\sqrt{3}$ ❺$2\sqrt{3}$ ❻$\dfrac{4\sqrt{10}}{5}$

　　❼$2\sqrt{10}$ ❽$\dfrac{14\sqrt{10}}{5}$ ❾$2\sqrt{2}$

　　❿$\sqrt{2}+\sqrt{3}$

解答

① (1) $\dfrac{10}{21}$ (2) 4 (3) $\dfrac{1}{4}$ (4) $-\dfrac{1}{7}$

　(5) 10 (6) -48 (7) 7 (8) $\dfrac{4}{3}$

解説

(1) $\dfrac{5}{7}+\left(-\dfrac{5}{21}\right)=\dfrac{15}{21}-\dfrac{5}{21}=\dfrac{10}{21}$

(2) $12+(-10)-(-2)=12-10+2=4$

(3) $-\dfrac{5}{14}\times\left(-\dfrac{7}{10}\right)=\dfrac{5}{14}\times\dfrac{7}{10}=\dfrac{1}{4}$

(4) $\dfrac{8}{21}\div\left(-\dfrac{8}{3}\right)=\dfrac{8}{21}\times\left(-\dfrac{3}{8}\right)=-\dfrac{1}{7}$

(5) $4+(-3)\times(-2)=4+6=10$

(6) $(-3)^3\div\left(-\dfrac{3}{4}\right)^2=-27\times\dfrac{16}{9}=-48$

(7) $6-4\div(5-9)=6-4\times\left(-\dfrac{1}{4}\right)=6+1=7$

(8) $\{2-(-1)^2\}\div\dfrac{3}{4}=(2-1)\times\dfrac{4}{3}=1\times\dfrac{4}{3}=\dfrac{4}{3}$

解答

② (1) $-9m$ (2) $10x-13y$ (3) $\dfrac{x^2}{8}$

　(4) $-2xy^2$ (5) $-\dfrac{b^3c}{4}$ (6) $-\dfrac{7}{2}x$

　(7) $\dfrac{xy}{5}$ (8) $x-\dfrac{y}{2}$

解説

(1) 　$(-m+3n)-(8m+3n)$
　$=-m+3n-8m-3n=-9m$

(2) 　$2(3x-6y)-(y-4x)=6x-12y-y+4x$
　$=10x-13y$

(3) 　$\dfrac{1}{3}x^3y\times\dfrac{3}{8xy}=\dfrac{3}{3\times8}\times\dfrac{x^3y}{xy}=\dfrac{x^2}{8}$

(4) 　$(-4x^2y)^2\div(-2x)^3=16x^4y^2\times\left(-\dfrac{1}{8x^3}\right)$
　$=-2xy^2$

(5) 　$-(ab)^2\div4a^2c\times bc^2$
　$=-a^2b^2\times\dfrac{1}{4a^2c}\times bc^2=-\dfrac{b^3c}{4}$

(6) 　$\dfrac{x-4y}{2}-(4x-2y)=\dfrac{x}{2}-2y-4x+2y$
　$=-\dfrac{7}{2}x$

(7) 　$\dfrac{4}{5}x\times(-xy)^2\div4x^2y=\dfrac{4}{5}x\times x^2y^2\times\dfrac{1}{4x^2y}$
　$=\dfrac{4}{5}\times\dfrac{1}{4}\times\dfrac{x^3y^2}{x^2y}=\dfrac{xy}{5}$

(8) 　$(4x^2-2xy)\div4x=4x^2\times\dfrac{1}{4x}-2xy\times\dfrac{1}{4x}$
　$=x-\dfrac{y}{2}$

解答

③ (1) $-48\sqrt{2}$ (2) $8\sqrt{3}+3\sqrt{2}$ (3) $4\sqrt{5}$

　(4) $\dfrac{7\sqrt{2}}{2}$ (5) 3 (6) $15+2\sqrt{6}$

解説

(1) 　$4\sqrt{12}\times(-\sqrt{24})=4\times2\sqrt{3}\times(-2\sqrt{6})$
　$=-16\sqrt{18}=-48\sqrt{2}$

（別解）　$4\sqrt{12} \times (-\sqrt{24}) = 4\sqrt{12} \times (-\sqrt{12} \times \sqrt{2})$

$= -4 \times 12 \times \sqrt{2} = -48\sqrt{2}$

(2)　$\sqrt{27} + \sqrt{18} - (-\sqrt{75})$

$= 3\sqrt{3} + 3\sqrt{2} + 5\sqrt{3} = 8\sqrt{3} + 3\sqrt{2}$

(3)　$\sqrt{5} + \dfrac{15}{\sqrt{5}} = \sqrt{5} + \dfrac{15\sqrt{5}}{5} = \sqrt{5} + 3\sqrt{5}$

$= 4\sqrt{5}$

（別解）　$\sqrt{5} + \dfrac{15}{\sqrt{5}} = \sqrt{5} + \dfrac{3\sqrt{5} \times \sqrt{5}}{\sqrt{5}}$

$= \sqrt{5} + 3\sqrt{5} = 4\sqrt{5}$

(4)　$\dfrac{3}{\sqrt{2}} + \sqrt{72} - \sqrt{32} = \dfrac{3\sqrt{2}}{2} + 6\sqrt{2} - 4\sqrt{2}$

$= \dfrac{3\sqrt{2}}{2} + \dfrac{4\sqrt{2}}{2} = \dfrac{7\sqrt{2}}{2}$

(5)　$\sqrt{18} \times \sqrt{2} - \sqrt{3} \div \dfrac{1}{\sqrt{3}}$

$= 3\sqrt{2} \times \sqrt{2} - \sqrt{3} \times \sqrt{3}$

$= 6 - 3 = 3$

（$\sqrt{18} \times \sqrt{2} = \sqrt{36} = 6$ としてもよい。）

(6)　$5\sqrt{3}(\sqrt{3} + \sqrt{2}) - \sqrt{54}$

$= 5\sqrt{3} \times \sqrt{3} + 5\sqrt{3} \times \sqrt{2} - 3\sqrt{6}$

$= 15 + 5\sqrt{6} - 3\sqrt{6} = 15 + 2\sqrt{6}$

解答

4 (1) $-a, b, -b, a$　(2) $a = \dfrac{2b - 4c}{3}$

(3) 9　(4) $4, 5$　(5) 3　(6) $\dfrac{2}{\sqrt{3}}$

解説

(1) a は正の数なので，$-a$ は負の数となる。b は負の数なので，$-b$ は正の数になる。また，$a + b > 0$ より，a の絶対値のほうが b の絶対値よりも大きいので $a > -b$ になり，$-a < b$ になる。

(2) $b = \dfrac{3a + 4c}{2}$ の両辺を2倍して，

$2b = 3a + 4c$，両辺を入れかえて $3a + 4c = 2b$，

移項して $3a = 2b - 4c$

両辺を3で割ると，$a = \dfrac{2b - 4c}{3}$

(3) $-3a \times (a^2 b)^2 \div (-6a)^2$

$= -3a \times a^4 b^2 \times \dfrac{1}{36a^2} = -\dfrac{1}{12} a^3 b^2$ になるので，

数値を代入すると，$-\dfrac{1}{12} \times (-3)^3 \times (-2)^2 = 9$

(4) $\sqrt{10} < a < \sqrt{35}$ のそれぞれの数を2乗して，

$10 < a^2 < 35$

$3^2 = 9$，$4^2 = 16$，$5^2 = 25$，$6^2 = 36$ より，これを満たす a の値は，4，5

(5) $\sqrt{48a} = 4\sqrt{3a}$ になるので，$3a$ が平方数になればいいので，$a = 3$ が最も小さい値になる。

(6) それぞれの数を2乗すると，

$\left(\dfrac{2}{\sqrt{3}}\right)^2 = \dfrac{4}{3}$，$\left(\sqrt{\dfrac{2}{3}}\right)^2 = \dfrac{2}{3}$，$\left(\dfrac{\sqrt{2}}{3}\right)^2 = \dfrac{2}{9}$

$\dfrac{2}{9} < \dfrac{2}{3} < \dfrac{4}{3}$ だから，最も大きい数は $\dfrac{2}{\sqrt{3}}$

DAY 2　数と式② ～式の展開，因数分解， 式の利用～

STEP 1

解答

1 (1) ❶ $3x$　❷ $4x$　❸ $2x^2 + x - 6$

(2) ❶ $2 + 5$　❷ $a^2 + 7a + 10$

❸ 4　❹ $x^2 - 16$

2 (1) ❶ $3x$　❷ $1 + 2y$

(2) ❶ $1 + 3$　❷ 1×3　❸ $(x + 1)(x + 3)$

❹ 2×3　❺ 3　❻ $(x - 3)^2$

(3) ❶ 15　❷ 3　❸ 5　❹ $3^2 \times 5$

3 (1) ❶ $5x + 3$　❷ $0.2\left(\dfrac{20}{100}, \dfrac{2}{10}, \dfrac{1}{5}\right)$

❸ $0.8x\left(\dfrac{4}{5}x\right)$　❹ $8x$　❺ $250x + 400y$

❻ $<$

(2) ❶ $(x - 3)(x - 5)$　❷ 10×8　❸ 80

❹ $a^2 + 4a + 4$　❺ $a^2 + a - 12$

❻ $3a + 16$　❼ $3 \times \left(-\dfrac{1}{3}\right) + 16$　❽ 15

(3) ❶ $n + 1$　❷ $3(n + 1)$　❸ $n + 1$

STEP 2

解答

1 (1) $x^2 + 2x - 24$　(2) $x^2 - 2x - 8$

解説

(1) $(x-4)(x+6)=x^2+(-4+6)x-4\times6$
   $=x^2+2x-24$

(2) $(x+2)(x-4)=x^2+(2-4)x+2\times(-4)$
   $=x^2-2x-8$

(3) $(x+3)^2=x^2+2\times3x+3^2=x^2+6x+9$

(4) $(x-7)(x+7)=x^2-49$

(5) $(2a-3b)(2a+3b)=4a^2-9b^2$

(6) $(a-2)(a+2)-(a-5)^2$
   $=a^2-4-(a^2-10a+25)=10a-29$

解答

2 (1) $b(a-5)$ (2) $2ab(2a+4b+1)$

(3) $(x+3)(x-5)$ (4) $(x+4)^2$

(5) $(x-14y)(x-2y)$ (6) $(a-9b)(a-2b)$

(7) $(2x+3y)(2x-3y)$

(8) $(4a+9b)(4a-9b)$

解説

(1) b でくくる

(2) $2ab$ でくくる

(3) $x^2-2x-15=x^2+(3-5)x+3\times(-5)$
   $=(x+3)(x-5)$

(4) $x^2+8x+16=x^2+2\times4x+4^2=(x+4)^2$

(5) $x^2-16xy+28y^2$
   $=x^2+(-14y-2y)x+(-14y)\times(-2y)$
   $=(x-14y)(x-2y)$

(6) $a^2-11ab+18b^2$
   $=a^2+(-9b-2b)a+(-9b)\times(-2b)$
   $=(a-9b)(a-2b)$

(7) $4x^2-9y^2=(2x)^2-(3y)^2=(2x+3y)(2x-3y)$

(8) $16a^2-81b^2=(4a)^2-(9b)^2$
   $=(4a+9b)(4a-9b)$

解答

3 (1) $2^3\times3$ (2) $2^2\times3^2$

(3) 3×5^2 (4) $2\times3^2\times7$

解説

(1)
```
2) 24
2) 12
2)  6
    3
```

(2)
```
2) 36
2) 18
3)  9
    3
```

(3)
```
3) 75
5) 25
    5
```

(4)
```
2) 126
3)  63
3)  21
     7
```

解答

4 (1) $2.6x$(人) (2) $20x+30y$(円)

(3) $\dfrac{300}{x}+\dfrac{700}{y}$(分) (4) -9 (5) -12

(6) 解説参照

解説

(1) 女子が x 人であるので，男子の人数は $1.6\times x=1.6x$（人）　学年全体の人数は男子と女子を合わせて，$1.6x+x=2.6x$（人）

(2) 20円のあめが x 個で $20x$（円），30円のガムが y 個で $30y$（円）なので，合計は $20x+30y$（円）

(3) はじめの300mを歩くのにかかったのは $\dfrac{300}{x}$（分）。
残りの $1000-300=700$（m）を歩くのにかかったのは，$\dfrac{700}{y}$（分）。この2つをたして表す。

(4) $x^2-6xy+8y^2=(x-2y)(x-4y)$
x と y の値を代入すると，
$=(19-10)(19-20)=9\times(-1)=-9$

(5) $a^2-b^2=(a+b)(a-b)$
$=3\times(-4)=-12$

(6) 2つの連続する奇数は整数 n を用いて，❶$2n-1$，$2n+1$ と表せる。よって，2つの連続する奇数の和は，
❷$(2n-1)+(2n+1)=4n$
n は整数なので，$4n$ は4の倍数である。
したがって，2つの連続する奇数の和は，必ず4の倍数となる。

DAY 3 方程式
〜1次方程式，連立方程式，2次方程式〜

STEP 1

解答

1 (1) ❶$-2x$ ❷-2 ❸$2x$ ❹$4$ ❺$2$

(2) ❶$10$ ❷$5x-3$ ❸$2x+6$ ❹$3$
❺$9$ ❻$3$ ❼$6$ ❽$8x-9$
❾$2-3x$ ❿11 ⓫11 ⓬1

(3) ❶$1$ ❷$5$ ❸$5$

② (1) ❶$6x+4y$　❷$5y$　❸$4$

　　 ❹$2x+12$　❺-4

　　(2) ❶$7$　❷$7$　❸$1$　❹$3$

③ (1) ❶$\sqrt{5}$　❷$3\pm\sqrt{5}$

　　(2) ❶$(x-1)(x-3)$　❷$1$　❸$3$

　　　　　　　　　　　（❷, ❸順不同）

　　(3) ❶-7　❷$2$　❸$7$　❹$41$

STEP 2

解答

❶ (1) $x=9$　(2) $x=-\dfrac{1}{10}$　(3) $x=\dfrac{9}{2}$

　　(4) $x=21$

解説

(1) $2x-3x=-2-7,\ -x=-9,\ x=9$

(2) $4x+8=7-6x,\ 4x+6x=7-8,\ 10x=-1,$

　　$x=-\dfrac{1}{10}$

(3) 両辺を10倍して，$3x+12=x+21,$

　　$3x-x=21-12,\ 2x=9,\ x=\dfrac{9}{2}$

(4) 両辺を6倍して，$2(4x+3)=3(3x-5),$

　　$8x+6=9x-15,\ -9x+8x=-15-6,$

　　$-x=-21,\ x=21$

解答

❷ (1) $x=\dfrac{9}{4}$　(2) $x=\pm 3$

解説

(1) $7x=3(x+3),\ 7x-3x=9,\ 4x=9,\ x=\dfrac{9}{4}$

(2) $(x-2)(x+2)=5,\ x^2-4=5,\ x^2=9,\ x=\pm 3$

解答

❸ (1) $x=1,\ y=\dfrac{1}{2}$　(2) $x=-1,\ y=-1$

　　(3) $x=2,\ y=4$　(4) $x=-\dfrac{15}{4},\ y=1$

解説

連立方程式の上の式を①，下の式を②とする。

(1) ①　　　　$5x+2y=\ \ 6$

　②　$+)\ 10x-2y=\ \ 9$

　　　　　　$15x\ \ \ \ \ \ =15,\ x=1$

　　$x=1$ を①に代入すると，$2y=1,\ y=\dfrac{1}{2}$

(2) ①　　　　　$6x-12y=\ \ \ \ 6$

　②×3　$-)\ 6x+\ 9y=-15$

　　　　　　　$-21y=\ \ \ 21,\ y=-1$

　　$y=-1$ を②に代入すると，$2x=-2,\ x=-1$

(3) ①を②に代入して，$x+2(3x-2)=10,$

　　$x+6x-4=10,\ 7x=14,\ x=2$

　　$x=2$ を①に代入すると，$y=3\times 2-2=4$

(4) ①×10 して，$4x+22y=7$　…①′，

　　②×10 して，$12x+20y=-25$　…②′

　　①′×3　　$12x+66y=\ \ \ 21$

　　②′　　$-)\ 12x+20y=-25$

　　　　　　　$46y=\ \ \ 46,\ y=1$

　　$y=1$ を①′に代入すると，$4x+22\times 1=7,$

　　$4x=-15,\ x=-\dfrac{15}{4}$

解答

❹ $a=2,\ b=1$

解説

それぞれの式に，$x=8,\ y=-1$ を代入すると，

$8a-b=15$　…①，$8b+a=10$　…②

①　　　　$8a-\ \ b=\ \ \ 15$

②×8　$-)\ 8a+64b=\ \ \ 80$

　　　　　$-65b=-65,\ b=1$

$b=1$ を②に代入すると，$8\times 1+a=10,\ a=2$

解答

❺ (1) $x=4\pm\sqrt{7}$　(2) $x=-9,\ 1$

　　(3) $x=-3\pm\sqrt{11}$　(4) $a=-6,\ -1$

解説

(1) $x-4=\pm\sqrt{7}$　$x=4\pm\sqrt{7}$

(2) $(x+9)(x-1)=0$ より，$x=-9,\ 1$

(3) 解の公式②を使うと，$b=2b'=6$ より，$b'=3$

　　$x=-3\pm\sqrt{3^2-1\times(-2)}=-3\pm\sqrt{11}$

　　$\left(x=\dfrac{-6\pm\sqrt{6^2-4\times 1\times(-2)}}{2}=\dfrac{-6\pm\sqrt{44}}{2}=\dfrac{-6\pm 2\sqrt{11}}{2}\right)$

　　として，約分してもよい。

(4) $a+2=A$ とおくと，$A^2+3A-4=0,$

　　$(A+4)(A-1)=0$ になるので，

　　$(a+6)(a+1)=0$ より，$a=-6,\ -1$

解答

6 (1) $a = -1$　(2) $6, 9$

(3) 50円切手：4枚, 140円切手：6枚

(4) A：9％, B：4％　(5) $5, 6, 7$

解説

(1) $x = 2$ を方程式に代入して,

$$4 - a = -2 + 7$$
$$a = -1$$

(2) 2つの数を x, $x + 3$ とおくと, これらの積が54となるので, $x(x + 3) = 54$

$x^2 + 3x - 54 = 0$, $(x + 9)(x - 6) = 0$ より,

$x = -9$, 6

2つの数は自然数より $x = 6$ が問題に適するので, 求める自然数は6, 9

(3) 50円切手の枚数を x 枚, 140円切手の枚数を y 枚とすると,

合わせて10枚買ったので, $x + y = 10$ …①

代金の合計が1040円より,

$50x + 140y = 1040$ …②

①, ②の連立方程式を解いて, $x = 4$, $y = 6$

(4) Aの食塩水の濃度を x％, Bの食塩水の濃度を y％とする。x％のAを200gと y％のBを300g混ぜると濃度が6％になるので, とけている食塩の量について方程式をつくると

$$200 \times \frac{x}{100} + 300 \times \frac{y}{100} = (200 + 300) \times \frac{6}{100}$$

これを整理して, $2x + 3y = 30$ …①

また, x％のAを300gと y％のBを200g混ぜると濃度が7％になるので, とけている食塩の量について方程式をつくると,

$$300 \times \frac{x}{100} + 200 \times \frac{y}{100} = (300 + 200) \times \frac{7}{100}$$

これを整理して, $3x + 2y = 35$ …②

①, ②の連立方程式を解いて, $x = 9$, $y = 4$

(5) 連続する3つの自然数を小さい数から順に $x - 1, x$, $x + 1$ とする。

最も小さい数と最も大きい数の積は3つの数の和の2倍よりも1小さいので,

$(x - 1)(x + 1) = 2\{(x - 1) + x + (x + 1)\} - 1$

これを解いて,

$$x^2 - 1 = 2 \times 3x - 1$$
$$x^2 - 1 = 6x - 1$$
$$x^2 - 6x = 0$$
$$x(x - 6) = 0$$

$$x = 0, \ 6$$

x は自然数であるので, $x = 6$ のみが問題に適する。

よって, 連続する3つの自然数は5, 6, 7

DAY 4

関数 〜比例と反比例, 1次関数, 関数 $y = ax^2$〜

STEP 1

解答

1 (1) ❶8　❷4　❸2　❹$2x$

(2) ❶-5　❷3　❸-15　❹$-\dfrac{15}{x}$

2 (1) ❶3　❷2　❸1　❹-1

(2) ❶2　❷6

(3) ❶3　❷4　❸3

❹$-\dfrac{3}{4}$　❺$-\dfrac{3}{4}x + 3$

3 (1) ❶18　❷$3^2$　❸2　❹$2x^2$

(2) ❶0　❷0　❸-3　❹9

(3) ❶4　❷2　❸24　❹2　❺12

❻2　❼$2 + 4$　❽12

STEP 2

解答

1 (1) $y = 2x$　(2) $y = \dfrac{8}{x}$

解説

(1) $(2, 4)$ を通るので, 求める式を $y = ax$ とすると,

$4 = 2a$, $a = 2$ より, $y = 2x$

(2) $(2, 4)$ を通るので, 求める式を $y = \dfrac{a}{x}$ とすると,

$4 = \dfrac{a}{2}$, $a = 8$ より, $y = \dfrac{8}{x}$

解答

2 (1) $(4, 6)$　(2) $a = 24$　(3) $(12, 2)$

解説

(1) $y = \dfrac{3}{2}x$ に $x = 4$ を代入すると $y = 6$

よって，A$(4,\ 6)$

(2) ②のグラフはA$(4,\ 6)$を通るので，$6 = \dfrac{a}{4}$ よって，$a = 24$

(3) $y = \dfrac{24}{x}$ に $x = 12$ を代入して，$y = \dfrac{24}{12} = 2$

よって，B$(12,\ 2)$

解答

3 ア A イ A ウ C エ B オ C

解説

ア $y = 4x$（比例） イ $y = 2x$（比例）

ウ $y = x^3$ となるので，比例でも反比例でもない。

エ $y = \dfrac{800}{x}$（反比例）

オ 平均点の情報だけでは最高点はわからないので，比例でも反比例でもない。

解答

4 (1) $y = 4x - 7$ (2) $y = -x + 7$

(3) $\left(-\dfrac{1}{4},\ \dfrac{11}{4}\right)$

解説

(1) $y = 4x + 2$ と平行であるから傾きは4になるので，求める直線の式は $y = 4x + b$ とおける。これが $(3,\ 5)$ を通るので，$5 = 4 \times 3 + b$，$b = -7$
したがって，$y = 4x - 7$

(2) 傾きは変化の割合と等しいので直線の式を $y = ax + b$ とすると，
$a = \dfrac{4 - 5}{3 - 2} = -1$
よって，$y = -x + b$。
これに $(2,\ 5)$ を代入して $5 = -2 + b$，$b = 7$
したがって，$y = -x + 7$

(3) $y = x + 3$ と $y = -3x + 2$ の連立方程式を解いて，
$x = -\dfrac{1}{4}$
これを $y = x + 3$ に代入して $y = \dfrac{11}{4}$
したがって，$\left(-\dfrac{1}{4},\ \dfrac{11}{4}\right)$

解答

5 (1) $y = -8$ (2) $a = 4$ (3) $a = 4$，$b = 0$

解説

(1) $y = ax^2$ に，$x = 4$，$y = -32$ を代入すると，
$-32 = 16a$，$a = -2$
したがってこの関数は，$y = -2x^2$
よって，$x = -2$ を代入すると，
$y = -2 \times (-2)^2 = -8$

(2) $a(p + q)$ を用いて，
$a(-2 + 4) = 8$
$2a = 8$
$a = 4$

(3) $x = -2$ のとき，$y = 4$ だから y の最大値16をとるのは，$x = a$ のときである。よって，$a^2 = 16$
$a > -2$ だから $a = 4$。
また，x の変域に0を含むので，y の最小値 $b = 0$ となる。

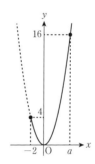

解答

6 (1) $a = 2$ (2) Q$(-1,\ 2)$ (3) 6

解説

(1) $(2, 8)$ を $y = ax^2$ に代入して，$8 = 4a$
よって，$a = 2$

(2) △OPRと△OQRの面積比が2：1であることから，それぞれの三角形でORを底辺とみると，高さの比＝面積比になる。よって，Pからx軸に垂直におろした点をP′，Qからx軸に垂直におろした点をQ′とすると，OP′：OQ′ $= 2 : 1$ より，OQ′の長さは1
Qのx座標は負なので，-1，Qのy座標は，
$y = 2 \times (-1)^2 = 2$ したがって，Q$(-1,\ 2)$

(3) P$(2,\ 8)$ とQ$(-1,\ 2)$を通る直線は $y = 2x + 4$，Rは直線PQの切片なので，R$(0,\ 4)$
△OPQ ＝ △OPR ＋ △OQR

$$= \left(4 \times 2 \times \frac{1}{2}\right) + \left(4 \times 1 \times \frac{1}{2}\right) = 6$$

（別解）　$\triangle OPQ = OR \times P'Q' \times \dfrac{1}{2}$ でも求められる。

よって，$\triangle OPQ = 4 \times 3 \times \dfrac{1}{2} = 6$

DAY 5　図形①
～平面図形，空間図形，角の大きさ～

STEP 1

解答

❶ **(1)** ❶6　❷45　❸$\dfrac{3}{2}\pi$　❹6　❺$\dfrac{9}{2}\pi$

❷ **(1)** ❶2　❷$24\pi$　❸$4\pi$　❹2
　　　　❺$24\pi$　❻$32\pi$

　　(2) ❶DE　❷EF　❸BE（❶～❸順不同）

❸ **(1)** ❶錯角　❷65　❸同位角　❹75

　　(2) ❶540　❷360

　　(3) ❶円周角　❷18　❸90　❹72

STEP 2

解答

❶

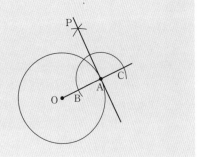

解説

点O，Aを通る直線を引き，Aを中心に円をかき，直線OAとの交点をB，Cとおく。B，Cのそれぞれを中心とする半径の等しい円をかき，その交点をPとすると，直線APが接線である。

解答

❷ **(1)** 144°　**(2)** 9cm

解説

(1) 中心角を$a°$とすると，$2\pi \times 5 \times \dfrac{a}{360} = 4\pi$ となり，$a = 144$ となる。

(2) $\pi \times r^2 \times \dfrac{120}{360} = 27\pi$，$r^2 = 81$，$r = 9$

解答

❸ **(1)** $45\pi cm^2$　**(2)** $36\pi cm^3$

解説

(1) 底面積は9π

　　側面積は$\pi \ell r$で求められる（ℓは母線）

　　よって，$\pi \times 12 \times 3 = 36\pi$

　　したがって，表面積は，$9\pi + 36\pi = 45\pi$（cm^2）

(2) 球の体積の公式$V = \dfrac{4}{3}\pi r^3$に$r = 3$を代入して

　　$V = \dfrac{4}{3}\pi \times 3^3 = 36\pi$（$cm^3$）

解答

❹ **(1)** 辺DC，辺EF，辺HG

　　(2) 辺AB，辺EF，辺AD，辺EH

解説

(1) 辺ABと向かい合う辺が平行。

(2) 辺CGと平行でなく，交わらない辺がねじれの位置。

解答

❺ **(1)** 60°　**(2)** 116°　**(3)** 14°

　　(4) 100°　**(5)** 20°　**(6)** 32°

解説

(1) ℓとmに平行な直線nをかくと，錯角より，

　　$a = 32°$，$b = 28°$だから，$x = 32° + 28° = 60°$

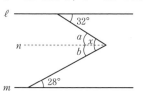

(2) ブーメラン型の図形のxの角度は，他の3つの角度の和になるので，$x = 76° + 19° + 21° = 116°$

(3) $28° + \bullet \times 2 = \bigcirc \times 2$，両辺$\div 2$にすると，

$14° + ● = ○$ …①となる。

また，$x + ● = ○$ …②より，①と②より，$x = 14°$

(4) 平行四辺形より，対角は等しいことと，三角形の
内角の和が180度であることを利用すると，
$x + 35° + 45° = 180°$，$x = 100°$

(5) 円周角の定理より，$\angle BAC = 60°$，$\triangle OAB$は二
等辺三角形より，
$\angle OAB = \angle OBA = 40°$
よって，$x = \angle BAC - \angle OAB = 60° - 40° = 20°$

(6) 円周角の定理より，$\angle ADB = \angle ACB = 52°$
$\triangle OAD$は二等辺三角形より，$\angle OAD = \angle ODA$
となるので，$20° + x = 52°$，よって，$x = 32°$

解答

6 (1) $360°$　(2) $n = 8$

解説

(1) 多角形は形に限らず，外角の和はすべて$360°$にな
る。

(2) 正n角形の内角の合計は$180° \times (n-2)$であり，1
つの内角は$135°$より，$180° \times (n-2) \div n = 135°$，
$45°n = 360°$，$n = 8$

（別解）　1つの外角は$180° - 135° = 45°$，よって，
$360° \div 45° = 8$，$n = 8$

DAY 6 図形② ～合同の証明，相似， 三平方の定理～

STEP 1

解答

1 (1) ❶DO　❷対頂角　❸$\angle DOC$
❹1組の辺とその両端の角
(2) ❶$\angle OQA$　❷OQ　❸斜辺と他の1辺

2 (1) ❶AE：AC　❷18　❸$\frac{1}{2}$　❹24
(2) ❶3　❷2　❸9　❹4

3 (1) ❶13　❷5　❸144　❹12
(2) ❶$\sqrt{2}$　❷$3\sqrt{2}$　❸$\sqrt{3}$　❹$3\sqrt{6}$

---

(3) ❶$12\sqrt{2}$　❷$6\sqrt{2}$　❸153
❹$3\sqrt{17}$　❺$144\sqrt{17}$

STEP 2

解答

1 (1) 6cm　(2) 12cm　(3) 27：125

解説

(1) 2組の角がそれぞれ等しいので，$\triangle ABC \backsim \triangle AED$
であり，相似比は AB：AE $= 24$：$16 = 3$：2，
よって，
$AD = \frac{2}{3} \times 9 = 6$ (cm)

(2) 中点連結定理より，$DE = AC \times \frac{1}{2}$，$DE = 8$cm
$GC = DE \times \frac{1}{2} = 4$ (cm)
したがって，$AG = AC - GC = 16 - 4 = 12$ (cm)

(3) 面積比が3^2：5^2より，相似比は3：5になるので，
体積比は3^3：$5^3 = 27$：125

解答

2 (1) $2\sqrt{2}$ cm　(2) $4\sqrt{3}$ cm^2　(3) $6\sqrt{3}$ cm
(4) 直角三角形の斜辺と1つの鋭角がそれぞ
れ等しい
直角三角形の斜辺と他の1辺がそれぞれ
等しい

解説

(1) 正方形を対角線で切ると斜辺が4cmの直角二等辺
三角形になるので，
1辺の長さ $= 4 \div \sqrt{2} = 2\sqrt{2}$ (cm)

(2) 正三角形の高さは1辺の長さの$\frac{\sqrt{3}}{2}$倍となるので，
$2\sqrt{3}$ cm
したがって面積は，$4 \times 2\sqrt{3} \times \frac{1}{2} = 4\sqrt{3}$ (cm^2)

(3) $OC = HC - HO = 6$cm
A，Oを結ぶと，
$OA = OC = 6$cm
$\triangle OAH$で三平方の定理を
用いて，

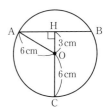

$AH = \sqrt{6^2 - 3^2} = 3\sqrt{3}$ cm

$AH = BH$ より，$AB = 6\sqrt{3}$ cm

解答

3 (1) $\sqrt{7}$ cm　(2) $3\sqrt{7}\,\pi$ cm³

解説

(1) 三平方の定理より，$OH = \sqrt{4^2 - 3^2} = \sqrt{7}$ （cm）

(2) $\dfrac{1}{3} \times 3 \times 3 \times \pi \times \sqrt{7} = 3\sqrt{7}\,\pi$ （cm³）

解答

4 △BECと△DGCにおいて，BC ＝ EC …①

DC ＝ GC …②

①，②より BC : DC ＝ EC : GC …③

また，∠BCE，∠DCG はどちらも平行四辺形
の ∠C － ∠DCE であるから，

∠BCE ＝ ∠DCG …④

③，④より，2組の辺の比とその間の角がそれ
ぞれ等しいから，△BEC ∽ △DGC

解答

5 (1) $8\sqrt{2}$ cm　(2) $16\sqrt{2}$ cm²

解説

(1) 半円の弧に対する円周角は90°だから，

∠ACB ＝ 90°

よって，△ABCにおいて三平方の定理を用いて，

$AC = \sqrt{12^2 - 4^2} = 8\sqrt{2}$ cm

(2) AO ＝ BO，AD ＝ DC だから，中点連結定理より，

OD∥BC，$OD = \dfrac{1}{2}BC = 2$cm

よって，DE ＝ EO － OD ＝ 4cm

DE∥BC，DE ＝ BC より，四角形BCEDは平行
四辺形。

∠BCD ＝ 90° だから，

四角形 BCED ＝ BC × CD

$= 4 \times 4\sqrt{2} = 16\sqrt{2}$ cm²

DAY 7　データの活用
～データの分析，確率，標本調査～

STEP 1

解答

1 (1) ❶40　❷50　❸6　❹0.2

❺50点以上60点未満　❻75

(2) ❶28　❷30　❸31　❹3

❺

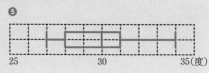

2 (1) ❶10　❷3　❸$\dfrac{3}{10}$

(2) ❶36　❷6　❸$\dfrac{1}{6}$

3 ❶10　❷$\dfrac{1}{3}$　❸200

STEP 2

解答

1 (1) 0.1　(2) 7.5分　(3) 5分以上10分未満

解説

(1) $\dfrac{3}{30} = \dfrac{1}{10} = 0.1$

(2) 度数が一番多いのは，5分以上10分未満の階級。

よって，その階級値を求めて，$\dfrac{5 + 10}{2} = 7.5$

(3) 30人の中央値より，15人目と16人目がいる階級を
探す。

解答

2 (1) 9通り　(2) $\dfrac{3}{5}$　(3) $\dfrac{12}{25}$　(4) $\dfrac{1}{4}$

解説

(1) Aが勝つ場合を考える。Aがグー，チョキ，パー
で勝つのはそれぞれBとCがチョキ，パー，グー

のときで3通り。BとCが勝つ場合も同様に考えられるので，全部で $3 \times 3 = 9$ 通り

(2) 赤色のペンを①②，黒色のペンを❶❷❸とし，樹形図に表すと下の図のようになる。

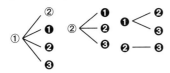

すべての取り出し方は10通りで，ペンの色が異なるのは6通り

したがって求める確率は，$\dfrac{6}{10} = \dfrac{3}{5}$

(3) 赤色のペンを①②，黒色のペンを❶❷❸とし，樹形図に表すと下の図のようになる。

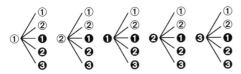

すべての取り出し方は25通りで，ペンの色が異なるのは12通り

したがって求める確率は，$\dfrac{12}{25}$

(4) 表より，出た目の和が4の倍数になるのは，9通り

小＼大	1	2	3	4	5	6
1			◯			
2		◯				◯
3	◯				◯	
4				◯		
5			◯			
6		◯				◯

よって，求める確率は，$\dfrac{9}{36} = \dfrac{1}{4}$

解答

❸ 標本調査　**イ，エ，オ，カ**
　　全数調査　**ア，ウ**

解説

全体を調べるのに手間や時間や費用がかかりすぎる場合や，調べると製品を破損してしまう場合などには標本調査を行う。

解答

❹ ウ

解説

ア 箱ひげ図から中央値は58.5前後であるので×

イ 最大値が83前後であることが読み取れるが，最大

値の人数までは読み取ることができないので×

エ 点数の範囲は最大値－最小値より，
　　$83 - 43 = 40$ 前後になるので×

解答

❺ (1) $\dfrac{1}{4}$　(2) $\dfrac{1}{12}$

解説

(1) ab が奇数になるのは a と b がともに奇数のときである。よって，表より9通り。

＼a b	1	2	3	4	5	6
1	◯		◯		◯	
2						
3	◯		◯		◯	
4						
5	◯		◯		◯	
6						

よって，求める確率は，$\dfrac{9}{36} = \dfrac{1}{4}$

(2) $y = ax + b$ が $(2, 7)$ を通るので，$7 = 2a + b$ となる (a, b) の組み合わせを考える。

＼2a b	2	4	6	8	10	12
1			◯			
2						
3		◯				
4						
5	◯					
6						

表より求める確率は，$\dfrac{3}{36} = \dfrac{1}{12}$

解答

❻ 150匹

解説

25匹のうち5匹に印がついていたので，印つきの鯉と全体の鯉の数の比は $1 : 5$

池の鯉の総数を x 匹とすると，はじめに印をつけた鯉は30匹なので，$1 : 5 = 30 : x$

これを解いて，$x = 150$

①

解答

(1) $\dfrac{7}{24}$　(2) 54　(3) $\dfrac{7}{12}x$　(4) $9a+14b$

(5) $2\sqrt{2}$　(6) $3+7\sqrt{6}$

解説

(1) $-\dfrac{3}{8}+\dfrac{2}{3}=\dfrac{-9+16}{24}=\dfrac{7}{24}$

(2) $(-3)^2\div\dfrac{1}{6}=9\times6=54$

(3) $\dfrac{3x-2}{4}-\dfrac{x-3}{6}=\dfrac{3(3x-2)-2(x-3)}{12}$

$=\dfrac{9x-6-2x+6}{12}=\dfrac{7}{12}x$

(4) $2(5a+4b)-(a-6b)=10a+8b-a+6b$

$=9a+14b$

(5) $\sqrt{3}\times\sqrt{6}-\sqrt{2}=\sqrt{3\times3\times2}-\sqrt{2}$

$=3\sqrt{2}-\sqrt{2}=2\sqrt{2}$

(6) $(\sqrt{6}-1)(2\sqrt{6}+9)=12+9\sqrt{6}-2\sqrt{6}-9$

$=3+7\sqrt{6}$

②

解答

(1) $x=3$　(2) $x=-11,\ y=4$

(3) $x=\dfrac{3\pm\sqrt{57}}{4}$　(4) エ　(5) 4

解説

(1) 与式の両辺を10倍して

$13x+6=5x+30$　$13x-5x=30-6$

$8x=24$　$x=3$

(2) 上の式を20倍して $4x+16y=20$　…①

下の式を8倍して $4x+7y=-16$　…②

①－②より，$9y=36$　$y=4$

これを②に代入して，$4x+28=-16$

$x=-11$

(3) 解の公式に代入して，

$x=\dfrac{-(-3)\pm\sqrt{(-3)^2-4\times2\times(-6)}}{2\times2}=\dfrac{3\pm\sqrt{57}}{4}$

(4) エは，$3n+6=3(n+2)$　ここで，$n+2$は整数だ

から，$3(n+2)$は3の倍数である。

(5) $(a+4b)-(2a-b)=a+4b-2a+b$

$=-a+5b=-(-1)+5\times\dfrac{3}{5}=1+3=4$

③

解答

(1) 2　(2) $a=\dfrac{1}{4}$

(3) ①$(-2,\ -5)$　②$76\pi\mathrm{cm}^3$

解説

(1) 点Cは $y=\dfrac{1}{2}x^2$ 上の点より，この式に $x=2$ を代

入すると，$y=2$

(2) $y=ax^2$ で，x の値が2から4まで増加するときの

変化の割合は，$a(p+q)$ より，$a(2+4)=6a$ であ

る。よって，$6a=\dfrac{3}{2}$，$a=\dfrac{1}{4}$

(3) ①2点A，Bは $y=\dfrac{1}{4}x^2$ のグラフ上の点から，

A$(2,\ 1)$，B$(4,\ 4)$ である。直線ABの傾きは，

$\dfrac{4-1}{4-2}=\dfrac{3}{2}$ である。よって，直線ABの式は，

$y=\dfrac{3}{2}x-2$ となる。点Eは直線AB上にあり，x

座標が -2 なので，点Eの y 座標は，

$y=\dfrac{3}{2}\times(-2)-2=-5$

よって，E$(-2,\ -5)$ となる。

②直線ABと直線CDの交点をFとすると，F$\left(\dfrac{8}{3},\ 2\right)$

である。△FDEを直線CDを軸に1回転してでき

る円錐の体積から△FCAを直線CDを軸に1回転

してできる円錐の体積をひけばよいから，

$\dfrac{1}{3}\pi\times7^2\times\left(\dfrac{8}{3}+2\right)-\dfrac{1}{3}\pi\times1^2\times\left(\dfrac{8}{3}-2\right)$

$=\dfrac{1}{3}\pi\left(49\times\dfrac{14}{3}-\dfrac{2}{3}\right)$

$=76\pi$（cm^3）

④

解答

$\dfrac{4}{9}$

解説

9本のくじから1本のくじを引く場合の数は9通りである。教室清掃になるのは偶数のくじを引いたときで、偶数のくじは2, 4, 6, 8の4本ある。このうち1本を引く場合の数は4通りである。よって、求める確率は、$\dfrac{4}{9}$ となる。

⑤

解答

(1) 50°　(2) 6cm

解説

(1) 多角形の外角の和は360°だから、
$\angle x = 360° - (70° + 110° + 40° + 90°)$
$\quad = 50°$

(2) 中心角は円周角の2倍だから、
$\angle BOC = 2\angle BAC = 60°$
△OBCは、OB = OC、$\angle BOC = 60°$ より、正三角形である。よって、BC = OB = 6cm

⑥

解答

(1) △ABCと△ACDにおいて、
仮定より、$\angle ABC = \angle ACD$ …①
共通な角より、$\angle BAC = \angle CAD$ …②
①、②より、2組の角がそれぞれ等しいから、
△ABC ∽ △ACD

(2) 3cm

解説

(2) △ABC ∽ △ACD より、AB：AC = AC：AD
AB：6 = 6：4　AB = 9
よって、BD = 9 - 4 = 5
また、BC：CD = AC：AD = 6：4 = 3：2
ここで、BEは $\angle$BCDの二等分線より、
BE：ED = BC：CD = 3：2
よって、BE $= \dfrac{3}{5}$BD = 3 (cm)

⑦

解答

(1) 128°　(2) $\dfrac{13}{2}$ cm　(3) $\sqrt{41}$ cm

(4) $\sqrt{11}$ cm

解説

(1) ℓ と m に平行な直線 n をかくと、錯角より
$\angle a = 58°$、$\angle b = 110° - 58° = 52°$
錯角より $\angle c = \angle b = 52°$
$\angle x = 180° - \angle c = 180° - 52° = 128°$

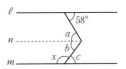

(2) 線分BDを引き、線分EFとの交点をGとすると、中点連結定理より、
$EG = \dfrac{1}{2}AD = \dfrac{5}{2}$ (cm)、$GF = \dfrac{1}{2}BC = 4$ (cm)
よって、$EF = \dfrac{5}{2} + 4 = \dfrac{13}{2}$ (cm)

(3) 三平方の定理から、
$BD = \sqrt{4^2 + 5^2} = \sqrt{41}$ (cm)

(4) CO = BO = 6cm、DC $= \dfrac{1}{2}$AC = 5 (cm) より、
△OCDにおいて三平方の定理を用いて、
$DO = \sqrt{6^2 - 5^2} = \sqrt{11}$ (cm)

⑧

解答

33πcm^2

解説

三平方の定理より、切り口の円の半径は、
$\sqrt{7^2 - 4^2} = \sqrt{33}$ (cm)
よって、切り口の円の面積は、
$\pi \times (\sqrt{33})^2 = 33\pi$ (cm^2)

⑨

解答

(1) 12πcm^3　(2) 27：98

解説

(1) 底面の半径が3cm，高さが4cmの円錐の体積は，

$$\frac{1}{3}\pi \times 3^2 \times 4 = 12\pi \ (\text{cm}^3)$$

(2) 円錐Pともとの円錐の相似比は $3:(3+2)=3:5$ なので，体積比は $3^3:5^3 = 27:125$ である。

よって，円錐Pと立体Qの体積比は，

$$27:(125-27) = 27:98$$

入試実戦 ▶▶ 2回目

①

解答

(1) -5　**(2)** 19　**(3)** $4b$　**(4)** $6a-2b$

(5) $2\sqrt{5}$　**(6)** $\sqrt{3}$

解説

(1) $7 + 2 \times (-6) = 7 - 12 = -5$

(2) $(-4)^2 - 9 \div (-3) = 16 - (-3) = 19$

(3) $8ab^2 \times 3a \div 6a^2b = \dfrac{8ab^2 \times 3a}{6a^2b} = 4b$

(4) $(8a - 5b) - \dfrac{1}{3}(6a - 9b) = 8a - 5b - 2a + 3b$

$\qquad = 6a - 2b$

(5) $4\sqrt{5} - \sqrt{20} = 4\sqrt{5} - 2\sqrt{5} = 2\sqrt{5}$

(6) $\sqrt{48} - 3\sqrt{6} \div \sqrt{2} = 4\sqrt{3} - 3\sqrt{3} = \sqrt{3}$

②

解答

(1) $x = -3$　**(2)** $x = 9, y = -1$

(3) $x = -1 \pm 6\sqrt{2}$　**(4)** 26　**(5)** $a = \dfrac{5b+3c}{4}$

解説

(1) 与式のかっこをはずして

$2x + 16 = 7 - x$　$2x + x = 7 - 16$

$3x = -9$　$x = -3$

(2) $\begin{cases} 2x + 3y - 5 = 10 & \cdots① \\ 4x + 5y - 21 = 10 & \cdots② \end{cases}$

①×2より，$4x + 6y = 30$　$\cdots③$

②より，$4x + 5y = 31$　$\cdots④$

③−④より，$y = -1$

これを③に代入して，$4x - 6 = 30$

$x = 9$

(3) $x + 1 = \pm\sqrt{72}$　$x = -1 \pm 6\sqrt{2}$

(4) 78の約数1，2，3，6，13，26，39，78

$5 - \dfrac{78}{n}$ が自然数となるためには，$n > \dfrac{78}{5}$ なので，

最も小さい $n = 26$

(5) $4a = 5b + 3c$，$a = \dfrac{5b+3c}{4}$

③

解答

(1) 1　**(2)** 8cm^2　**(3)** ① 12　②$(-3, 9)$

解説

(1) Bは放物線上の点で x 座標は2だから，B$(2, 2)$

よって，直線OBの傾きは $\dfrac{2}{2} = 1$

(2) A$(-4, 8)$，B$(2, 2)$ より，

直線ABの傾きは，

$\dfrac{2-8}{2-(-4)} = -1$

よって，直線ABの式は

$y = -x + 4$ だから

C$(0, 4)$

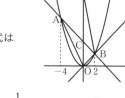

したがって，$\triangle\text{OAC} = \dfrac{1}{2} \times 4 \times 4 = 8\text{cm}^2$

（別解）

直線ABの傾きを $a(p+q)$ を用いて，

$\dfrac{1}{2}(-4+2) = -1$ と求めることもできる。

(3) ①点Dの座標を $(0, d)$ とおくと，

$\triangle\text{BCD} = \dfrac{1}{2} \times (d-4) \times 2$ と表せる。

(2)より，$\triangle\text{OAC} = \triangle\text{BCD} = 8\text{cm}^2$ だから

$\dfrac{1}{2} \times (d-4) \times 2 = 8$

$d = 12$

よって，点Dの y 座標は12

（別解）

$\triangle\text{OAC} = \triangle\text{BCD}$ が成り立つときは，

$\triangle\text{OAC} + \triangle\text{OBC} = \triangle\text{BCD} + \triangle\text{OBC}$ より

$\triangle\text{AOB} = \triangle\text{DOB}$ となる。

平行線と面積の関係より，OB∥AD が成り立つので，直線OBと直線ADの傾きが等しい。

したがって，直線ADは傾き1で，A$(-4, 8)$ を

通る直線だから，$y = x + 12$

よって，点Dのy座標は12

②点Bを通り，四角形OADBの面積を2等分する直

線と直線ADとの交点をEとすると，

$$\triangle BDE = \frac{1}{2} \times 四角形OADB$$

$$四角形OADB = \triangle ADO + \triangle BDO$$

$$= \frac{1}{2} \times 12 \times 4 + \frac{1}{2} \times 12 \times 2 = 36$$

よって，$\triangle BDE = \frac{1}{2} \times 36 = 18$

OB∥AD より，$\triangle BDE = \triangle ODE = 18$ となる。

ここで，点Eのx座標を$-e$とおくと（$e > 0$）

$\triangle ODE = \frac{1}{2} \times 12 \times e = 18$ より，$e = 3$

したがって，点Eのx座標は-3

点Eは，直線AD上の点だから，E$(-3, 9)$

（別解）

四角形OADBはOB∥ADの台形だから，

$(AE + OB) : ED = 1 : 1$として求めてもよい。

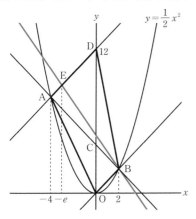

④

$$\frac{5}{36}$$

解説

2b＼$^{a+1}$	2	3	4	5	6	7
2	○		○		○	
4			○			
6					○	
8						
10						
12						

表より，求める確率は，$\frac{5}{36}$ となる。

⑤

解答

(1) $17°$　(2) $127°$

解説

(1) $\angle x = 94° - (32° + 45°) = 17°$

(2) BCとADの交点をP，ACとBDとの交点をQと

すると，

$\overset{\frown}{AB}$ の円周角より，$\angle ADB = \angle ACB = 92°$

$\triangle BPD$の外角より，$\angle ADB = \angle PBD + \angle BPD$

$\angle PBD = 92° - 57° = 35°$

$\triangle QBC$の外角より，

$\angle x = 35° + 92° = 127°$

⑥

解答

(1) $105°$

(2) $\triangle ADE$と$\triangle HBF$において，

仮定より，$DE = BF$　…①

AD∥BHの錯角より，$\angle ADE = \angle HBF$

…②

対頂角より，$\angle AED = \angle BEC$　…③

AC∥GHの同位角より，$\angle HFB = \angle BEC$

…④

③，④より，$\angle AED = \angle HFB$　…⑤

①，②，⑤より，1組の辺とその両端の角がそれ

ぞれ等しいから，

$\triangle ADE \equiv \triangle HBF$

よって，$AD = HB$

解説

(1) $\triangle CDE$ は二等辺三角形より，

$\angle CED = (180° - 30°) \div 2 = 75°$

したがって，

$\angle BEC = 180° - \angle CED$

$= 180° - 75° = 105°$

(1) $x = 6$　(2) $16\,\mathrm{cm}$　(3) $2\sqrt{3}\,\mathrm{cm}$

(4) ① $\sqrt{34}\,\mathrm{cm}$　② $2\,\mathrm{cm}^2$

解説

(1) 平行線と線分比より,

　　$3:x = 2:4$　$x = 6$

(2) 平行線と線分比より,

　　$FG = \dfrac{AF}{AB} \times BC = \dfrac{2}{5} \times 10 = 4$ (cm)

　　$BC \parallel DE, BF \parallel EC, BD \parallel CG$ から, 四角形 BCEF,

　　四角形 BCGD は平行四辺形なので,

　　$EF = DG = 10\,\mathrm{cm}$

　　よって, $DF = DG - FG = 6$ (cm) なので,

　　$DE = DF + EF = 6 + 10 = 16$ (cm)

(3) A から辺 BC に垂線を下ろし, 交点を H とすると,

　　$BH = \dfrac{1}{2}(BC - AD) = 2$ (cm)

　　$\triangle ABH$ で三平方の定理から,

　　$AH = \sqrt{4^2 - 2^2} = 2\sqrt{3}$ (cm)

(4) ① $FE \parallel DB$, 点 E は AB の中点だから, F は辺 AD
　　の中点となり, $AF = 5$

　　$\triangle AEF$ において三平方の定理を用いると

　　$FE = \sqrt{3^2 + 5^2} = \sqrt{34}\,\mathrm{cm}$

　② $\triangle ABD$ において中点連結定理より,

　　$EF:BD = 1:2$ …(i)

　　$FD \parallel BC, FD:CB = 1:2$ より,

　　$DH:HB = 1:2$ …(ii)

　　$FH:HC = 1:2$ …(iii)

　　(i)(ii)より, $EF:DH = 3:2$

　　よって, $FG:GH = 3:2$ …(iv)

　　(iii)(iv)より, $FG:GH:HC = 3:2:10$

　　したがって, $GH:FC = 2:(3+2+10) = 2:15$

　　$\triangle DGH$ と $\triangle DFC$ をそれぞれ GH, FC を底辺とし

　　てみると高さが等しい。

　　よって, $\triangle DGH = \dfrac{2}{15} \times \triangle DFC$

　　$\triangle DFC = \dfrac{1}{2} \times FD \times DC$

　　　　　　$= \dfrac{1}{2} \times 5 \times 6 = 15\,\mathrm{cm}^2$

　　したがって, $\triangle DGH = \dfrac{2}{15} \times 15 = 2\,\mathrm{cm}^2$

$a = 11$

解説

(表面積) = (底面積) × 2 + (側面積) なので,

$\pi \times 4^2 \times 2 + (2\pi \times 4) \times a = 120\pi$

$32 + 8a = 120$　$8a = 88$　$a = 11$

(1) $\dfrac{8}{3}\,\mathrm{cm}$　(2) $\dfrac{5}{9}$ 倍

解説

(1) $\triangle DBC$ は正三角形より, $BD = 4\,\mathrm{cm}$

　　$\triangle OAB \backsim \triangle BAD$ から, $OA:BA = AB:AD$

　　$6:4 = 4:AD$　$AD = \dfrac{8}{3}$

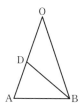

(2) 三角すい DABC と正三角すい OABC の底面を
　　$\triangle ABC$ にとると, 体積比は高さの比に等しい。高
　　さの比は, $DA:OA$ に等しいから, (1)より,

　　三角すい DABC : 正三角すい OABC

　　$= DA:OA = \dfrac{8}{3}:6 = 4:9$

　　したがって,

　　立体 ODBC : 正三角すい OABC

　　$= (9-4):9 = 5:9$

　　よって, 立体 ODBC $= \dfrac{5}{9}$ 正三角すい OABC